高等院校计算机专业精品教材

网页设计与制作基础
（HTML5+CSS3）

徐晓丹　主　编

马永进　副主编

電子工業出版社
Publishing House of Electronics Industry
北京•BEIJING

内 容 简 介

本书从初学者的角度出发，以形象的比喻、实用的案例、通俗易懂的语言详细介绍了使用HTML5与CSS3进行网页设计与制作的内容和技巧。

本书共10章，第1～3章主要介绍了HTML5与CSS3的基础知识；第4～9章主要介绍了页面排版、列表、表格、超链接与内联框架、DIV+CSS布局、表单，这些内容是网页制作的核心；第10章主要介绍了JavaScript的基础知识。

本书附带丰富的配套资源，读者可通过扫描书中二维码观看相关案例视频。

本书既可作为高等学校本、专科相关专业的“网页设计与制作”课程的教材，也可作为前端开发与移动开发的培训教材，还可作为网站开发人员的参考书。

图书在版编目（CIP）数据

网页设计与制作基础：HTML5+CSS3 / 徐晓丹主编. —北京：电子工业出版社，2024.4

ISBN 978-7-121-47606-8

Ⅰ. ①网… Ⅱ. ①徐… Ⅲ. ①网页制作工具－高等学校－教材 Ⅳ. ①TP393.092

中国国家版本馆CIP数据核字（2024）第064842号

责任编辑：孟　宇

印　　刷：北京虎彩文化传播有限公司

装　　订：北京虎彩文化传播有限公司

出版发行：电子工业出版社

北京市海淀区万寿路173信箱　　邮编：100036

开　　本：787×1092　1/16　印张：14.25　字数：338千字

版　　次：2024年4月第1版

印　　次：2025年1月第3次印刷

定　　价：59.80元

凡所购买电子工业出版社图书有缺损问题，请向购买书店调换。若书店售缺，请与本社发行部联系，联系及邮购电话：（010）88254888，88258888。

质量投诉请发邮件至zlts@phei.com.cn，盗版侵权举报请发邮件至dbqq@phei.com.cn。

本书咨询联系方式：mengyu@phei.com.cn。

前　言

随着网络的普及和信息技术的发展，网站作为一种信息展示和交流的平台，逐渐融入了人们的生活，很多企业和个人开始建立自己的网站进行信息分享，因此相应的网站设计和网页开发技术也得到了广泛应用。

本书依照目前最新 Web 标准（HTML5+CSS3），集理论与实践于一体，由浅入深、全面系统地介绍网页前端开发知识，包括网页设计基础、HTML5 及 CSS3 基础、DIV+CSS 布局和 JavaScript 基础等。

本书共 10 章，主要内容如下。

第 1 章为网页设计基础，主要介绍网站规划及网页布局、站点的建立和访问。

第 2 章为 HTML5 基础，主要介绍 HTML 文档结构、常用的 HTML 标签及 HTML5 新增元素。

第 3 章为 CSS3 样式设置，主要介绍 CSS3 样式的定义和使用、CSS3 常见属性及其取值。

第 4 章为基本页面排版，主要介绍网页中常见的长度单位与特殊符号、文本标签，以及图片使用和背景设置。

第 5 章为列表应用，主要介绍无序列表和有序列表的定义和使用、自定义列表的设置，以及列表应用实例。

第 6 章为表格设计，主要介绍表格的结构、单元格和行的设置，以及使用表格进行数据的组织和展示。

第 7 章为超链接与内联框架，主要介绍创建超链接的方式、超链接的类型、超链接的属性设置及内联框架的设置。

第 8 章为 DIV+CSS 布局，主要介绍盒子模型、CSS 相关属性设置，以及 DIV+CSS 布局实例。

第 9 章为表单设计，主要介绍表单元素、HTML5 新增表单对象，以及表单应用实例。

第 10 章为 JavaScript 基础，主要介绍 JavaScript 基本概念、JavaScript 基本语句、JavaScript 函数、JavaScript 消息框及 JavaScript 事件处理。

为了更好地让读者掌握本书内容，编者为重要知识点制作了案例视频，读者只要扫描书中二维码就可以观看相关案例视频，同时在每章的“思考与练习”小节中提供了许多综合性强的练习题。

本书凝练了编者多年的教学经验和成果，包含丰富的教学案例及各种数字资源，能更好地满足教师课内、课外教学和学生线上、线下学习的需求，为前端开发者提供了有力指导。

因为本书是单色印刷，所以页面无法显示彩色效果，读者可结合实际操作进行学习。

在编写本书的过程中，编者得到了浙江师范大学计算机科学与技术学院的支持，在此表示感谢！由于水平有限，书中难免存在不足之处，敬请读者和同行专家批评与指正。

编者

2024年1月

目 录

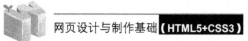

第1章 网页设计基础

在学习具体的网页开发技术之前，读者首先要了解网页设计的基础知识，包括网页和网站的关系、网站的规划及布局、与网页相关的概念等。本章围绕网页设计基础，具体讲述以下内容。

（1）网站概述。

（2）网站规划及网页布局。

（3）站点的建立和访问。

1.1 网站概述

1.1.1 万维网（WWW）服务

如果想要浏览某一个网页，需要进行什么样的操作呢？首先用户需要一台能连入网络的终端设备（智能手机或计算机），然后在地址栏中输入网页的地址，通过网络向服务器发送请求，服务器收到请求后，将用户需要的信息发送到客户端，最后在浏览器中显示信息。这里提供服务的就是万维网（World Wide Web，WWW）。

发明万维网的是英国科学家蒂姆·伯纳斯·李（Tim Berners-Lee），他建立万维网的初衷是创建一个以超级文本系统为基础的项目，用于科学研究成果的分享和更新。建立万维网后，蒂姆放弃了获得巨额财富的机会，将万维网无偿向全世界开放。正是蒂姆的无私奉献，带动了互联网的全球化普及，同时让全世界人民免费享受到了万维网带来的工作和生活上的便利与乐趣。蒂姆的始于初心、无私奉献的精神值得我们当代青年人学习。

万维网是一个基于超文本（Hypertext）方式的信息检索工具，通过超链接，任何资源都可以实现相互访问。万维网服务是目前 Internet 上热门的服务之一，其以交互式图形界面，为成千上万个用户提供强大的信息连接功能。

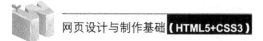

万维网中的文本、图片、视频等资源以网站为单位存放。一个网站由多个网页及图片、音频、视频等各种资源组成，这些网页之间通过超链接建立关联。

图 1-1 显示了一个站点的资源组织形式。

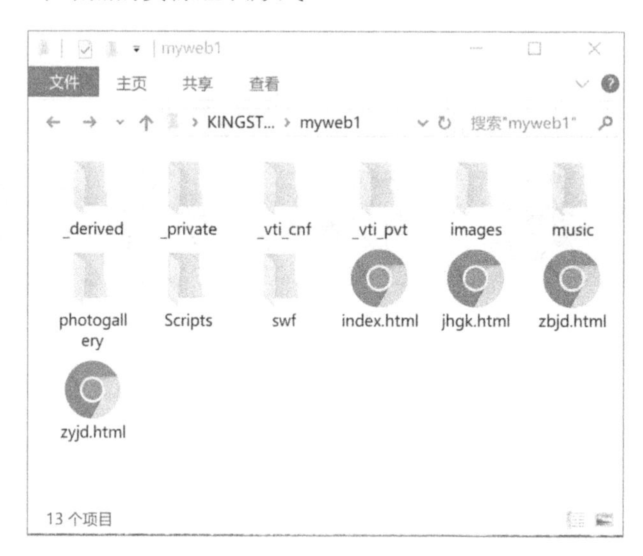

图 1-1　一个站点的资源组织形式

在图 1-1 中，myweb1 为站点的名称。这个站点包含网站所需的各种资源，如网页、图片、音频、动画、脚本语言等。例如，在本站点中，index.html、jhgk.html、zbjd.html 为网页，其中，index.html 为主页，主页是用户打开浏览器时默认显示的网页，主页上往往有链接到其他页面的超链接，通过主页可以访问其他网页。除了网页，站点中还包含一些文件夹，其中，images 文件夹用于存放所有的图片素材；music 文件夹用于存放音频文件；Scripts 文件夹用于存放一些动态的代码；swf 文件夹用于存放 Flash 文件。一个站点的资源需要分门别类地存放，以方便后期的管理。由此可见，一个站点不仅包含网页，还包含图片、音频等资源。

1.1.2　URL 和域名

要访问网络上的任何一个资源，需要提供资源的地址，这个地址通常被称为 URL（Uniform Resource Locator，统一资源定位符）。

URL 用于完整地描述 Internet 上网页和其他资源的地址，其组成如图 1-2 所示。

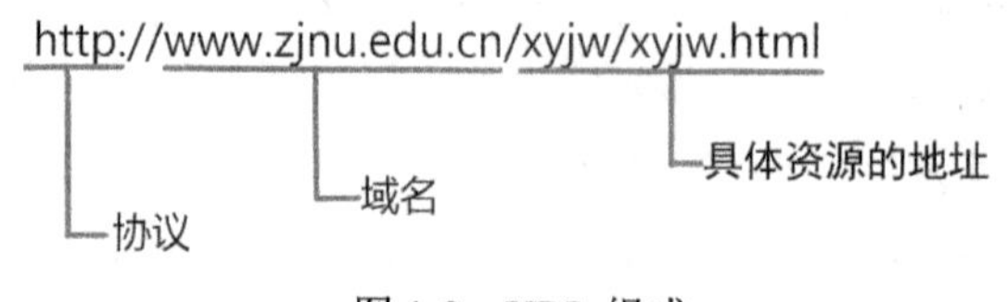

图 1-2　URL 组成

其中，http 是超文本传送协议，也就是网页在网络上传送的协议。除了 http，还有 FTP（文件传送协议），它是用于在网络上进行文件传送的一套标准协议。www.zjnu.edu.cn 是域名，是一个主机的地址，用于提供外部访问的入口。/xyjw/xyjw.htm 是具体资源的地址。下面给出域名的定义。

域名是指 Internet 上某一台计算机或计算机组的名称，是企业或机构等在 Internet 上注册的名称，是 Internet 上识别企业或机构的网络地址。

域名由两组或两组以上的 ASCII 或各国语言字符构成，各组字符之间由点号隔开，最右边的字符组称为顶级域名。例如，在 www.zjnu.cn 中，cn 是顶级域名，zjnu 是二级域名，以此类推。www 是主机名。域名系统的结构如图 1-3 所示。

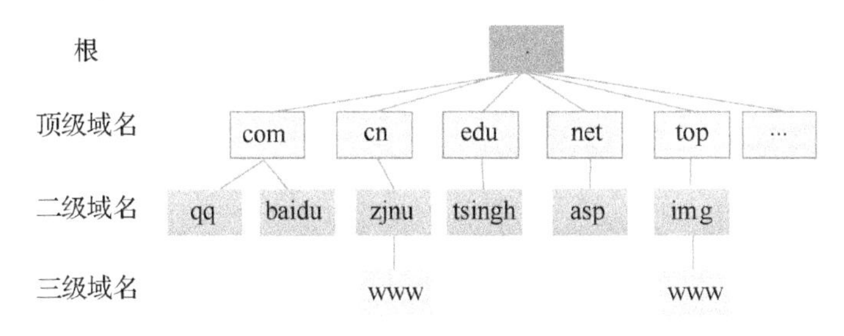

图 1-3　域名系统的结构

顶级域名（一级域名）分为三类。第一类按地理模式分类，中国是 cn，美国是 us，日本是 jp 等；第二类按组织模式分类，公司是 com，网络机构是 net，非营利性组织是 org，教育机构是 edu，政府部门是 gov，军事部门是 mil；第三类是新顶级域名，如通用的.xyz，代表“高端”的.top，代表“红色”的.red，代表“人”的.men 等。

域名需要域名代理商注册并购买后才能使用。一个站点建立好以后，需要把站点放到网络上，即申请网络空间来存放站点，并注册域名，这样就有了网站的名字，别人可以通过域名访问到这个网站。这是一个网站从设计到能够被访问的流程。

一个网站有了域名后，就可以提供给用户访问。用户只需要使用一个浏览器，就能够实现对网站的访问。例如，用户在计算机浏览器地址栏中输入 www.zjnu.edu.cn（这是浙江师范大学的主机域名），浏览器把这个页面请求提交给服务器，服务器收到这个页面请求后，找到所需要的资源，传送回客户端，客户端通过浏览器就能够解析这个页面。这是 Web 页面的访问原理。

域名系统（DNS）用于提供名字和 IP 地址之间的映射关系，有了这个映射关系，用户在上网时不需要记住长长的数字地址（IP 地址），而只需记住容易记忆的有特定规律的字符串即可。因此 DNS 在互联网中非常重要，如果 DNS 被攻击或出现问题，网址解析就会出错，从而导致网络故障，给社会、生产和生活带来巨大的影响。目前大部分的根 DNS 服务器分布在国外，这对我国的网络安全造成了很大的威胁。

伴随着全球信息化，网络安全已成为我国安全建设的重要组成部分。我们每个人都应该树立正确的网络安全观，遵守网络空间的法律法规，提高网络安全意识并积极参与到维护网络安全的行动中。

1.1.3 静态页面和动态页面

我们平常见到的页面分为两类：第一类是静态页面，第二类是动态页面。静态页面是用 HTML 构造的，无法与使用者产生互动。静态页面只能单纯地显示页面内容，无法针对不同的页面浏览状况做出实时响应。也就是说，页面一旦做好以后，其内容就不会发生变化，客户端输入页面地址后，服务器找到该静态页面，直接返回客户端，如图 1-4 所示。静态页面的扩展名为.htm 或.html。

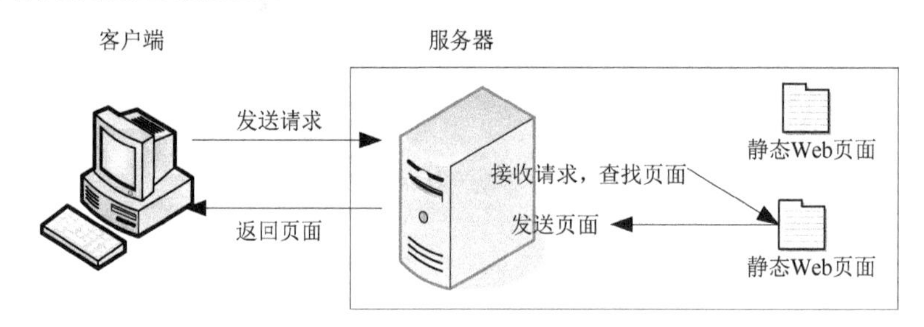

图 1-4　静态页面的访问原理

图 1-5 所示是一个静态页面，这个页面做好并上传到网络后，是不能被改变的，所以每次输入研究生培养的地址，就会显示该页面。

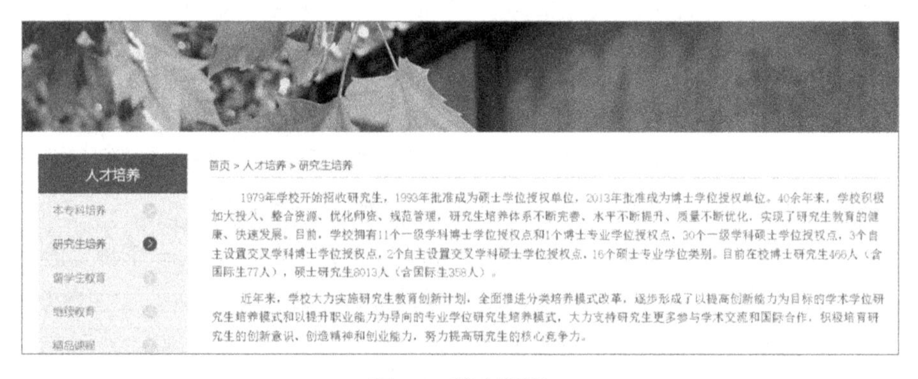

图 1-5　静态页面

和静态页面相对的是动态页面，动态页面是包含 HTML 标签和程序语言（ASP、JSP、PHP），在得到页面请求之后动态生成的页面。动态页面可以根据用户的请求生成不同的内容，以实现和用户的交互。动态页面的扩展名为.asp、.aspx、.jsp 或.php 等。动态页面既包含静态页面的一些信息，也包含代码，这些代码被执行后生成新的内容。动态页面的访问原理如图 1-6 所示。客户端向服务器发送页面请求，服务器接收请求后，查找需要的页面，此时会调用服务器端的应用程序（ASP 等），执行相应的代码（例如，建立和数据库的连接、查询数据操作等），生成静态页面，并发送该静态页面到服务器，服务器将页面返回客户端。

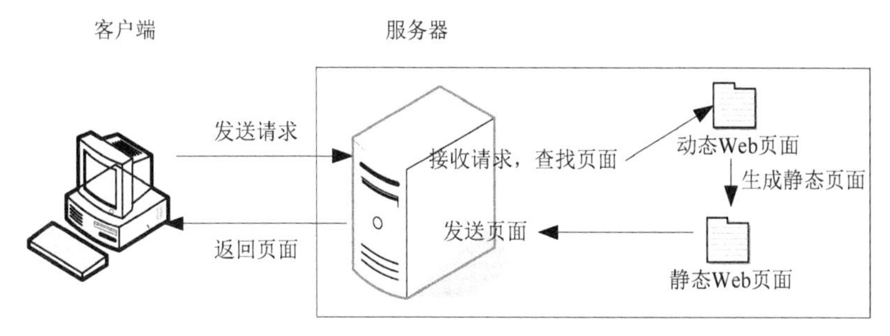

图 1-6 动态页面的访问原理

例如，通过网页方式登录教务管理系统（见图 1-7），用户输入账号和密码登录教务管理系统后，显示的页面是属于用户个人的选课内容，不同的用户登录后，显示的页面不尽相同，因为个人信息页面是动态生成的。用户输入账号和密码后，服务器运行数据处理的代码，连接数据库，验证账号和密码是否正确，如果正确，则到相应数据库中查询用户的个人信息，找到这些信息后，以一定的格式将这些用户信息进行组织并呈现给用户。

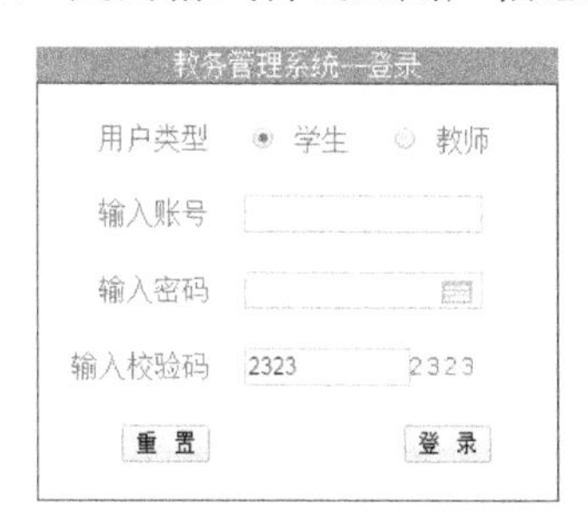

图 1-7 用户登录教务管理系统

1.1.4 动态网页开发技术

动态网页开发技术主要包括如下 3 个。

（1）ASP：ASP 是微软公司推出的用于 Web 应用服务的一种编程技术。利用它可以产生和运行动态的、可交互的、高性能的 Web 服务应用程序。ASP 的特点是简单易用。ASP 使用的脚本语言为 VBScript，其简单易学。另外，在配置方面，只要在计算机中安装了 IIS，ASP 就可以正常使用，用户无须进行复杂配置。

（2）PHP：PHP 是一种跨平台的服务器端嵌入式脚本语言，并且是完全免费的。其类似于 C 语言的语法，可运行在多种服务器上，如 Apache、Netscape 和 Microsoft 的 IIS 等。PHP 能够支持诸多数据库，如 MS SQL Server、MySQL、Sybase、Oracle 等。

（3）JSP：JSP 具有开放的、跨平台的结构，可以运行在所有的服务器上，使用 Java 编写。JSP 页面由 HTML 和嵌入其中的 Java 代码组成。服务器收到来自客户端的页面请求后，首先找到所需要的页面，运行页面中的 Java 代码后重新生成新的 HTML 页面，再返回客户端的浏览器。JSP 具备了 Java 技术的简单易用、完全面向对象、平台无关性且安全可靠的特点。

1.2 网站规划及网页布局

1.2.1 网站的结构规划

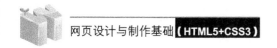

在建立网站之前，首先要对拟建立的网站进行规划，明确网站的目标和用途。之后所有的网页布局、风格和内容，都要以这个目标为中心。网站的结构规划，主要是指对网站的内容进行合理的结构层次划分，建立各个页面之间的有效关联，构建一个组织优良的网站整体。网站的结构规划主要考虑以下几个方面。

1. 网站栏目规划

网站的栏目是一个网站的导航，好的栏目规划不仅可以加快网站开发进程、方便网站后期维护和管理，还能提供有效、便捷的导航，这是一个网站吸引用户并在诸多网站中胜出的必备条件。

对网站栏目的规划，要从网站的整体出发，对网站内容进行综合的提炼和概述后，制定各级目录。在规划过程中，需要遵循以下几个基本的原则。

（1）从用户需求出发，主题突出。可以将主题按照一定的规则进行分类，设计出分层的栏目，需要注意的是，主栏目的个数在整个栏目中应占据较大的比重。

（2）目录结构清晰，层次分明。应设计结构清晰、层次分明的目录，使用户能够从上到下依次浏览网站的各个主题或者子主题。

（3）主次分明。在主栏目中放置用户经常要访问的内容，而站点说明、版权信息等，可以放置在次栏目中。

（4）合理设计栏目层次。一般栏目的层次不应超过 3 层，过多的层次设计容易让用户失去方向，从而影响网站的整体表达效果。

为了更好地进行网站栏目规划，设计者需要做出详细的需求分析，对资料进行整理和分类，并归纳出网站的重点，形成网站的主栏目。同时结合网站的定位确定网站的次栏目，形成网站栏目的树状列表，得到清晰的网站目录。

2. 网站目录设计

网站目录是指在建立网站时创建的用于存放文件的各个目录。目录结构的设计对网站的维护、内容的扩充和移植、搜索引擎的访问都有较大的影响，因此设计一个良好的目录结构至关重要。在网站目录的设计中，需要注意以下几点。

（1）不要把所有内容都放在根目录下。应该建立分层目录，按栏目内容建立子目录。

（2）目录层次不要超过 3 层。

（3）不要使用中文目录，以免影响网页的正确显示。

（4）使用意义明确的目录名，例如，建立 images 目录存放图片文件，建立 css 目录存放 CSS 文件，建立 js 目录存放 JavaScript 文件等。

（5）将主页命名为 index 或 default，放在根目录下。

3. 网站超链接结构

网站的超链接结构是指页面之间相互链接的拓扑结构。一个网站由多个页面组成，合理地设计和组织这些页面，是构建一个组织优良的网站的基础。因此网站超链接结构的设计是网页制作中非常重要的环节，采用的超链接结构种类直接影响版面的布局。常见的超链接结构主要有以下几类。

（1）树状超链接结构。树状超链接结构是指主页超链接指向一级页面，一级页面超链接指向二级页面，一级一级进入浏览页面。其优点是条理清晰，用户可以明确知道自己的位置；缺点是浏览效率低，从一个页面下的子页面进入另一个页面下的子页面，必须绕经主页。树状超链接结构如图 1-8 所示。

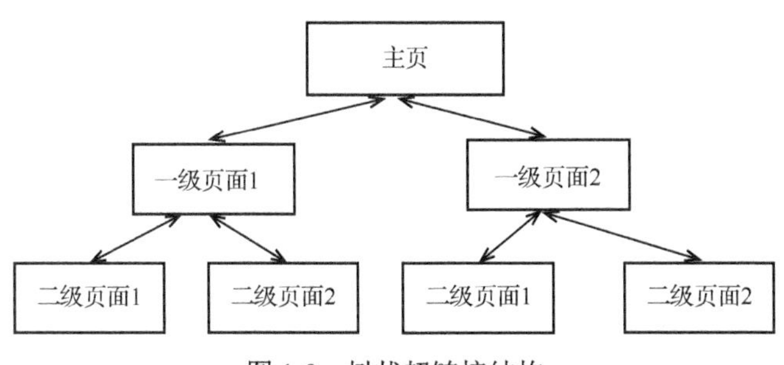

图 1-8　树状超链接结构

（2）网状超链接结构。网状超链接结构是指每个页面之间都建立了链接，如图 1-9 所示。这种超链接结构的优点是浏览方便，随时可以到达需要浏览的页面；缺点是超链接太多，容易使用户迷路，对自己所在的位置，以及查看了多少内容不清晰。

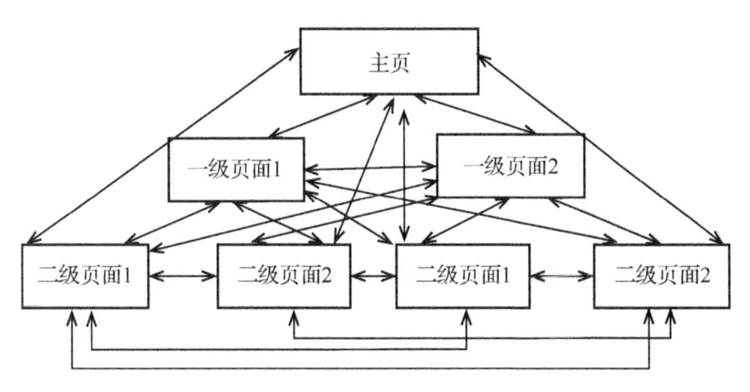

图 1-9　网状超链接结构

（3）混合超链接结构。以上两种基本结构都只是理想方式，在实际的网站设计中，将这两种结构混合起来使用会达到较好的效果。例如，将主页和一级页面之间用网状超链接结构，一级页面和二级页面之间用树状超链接结构，这样用户既可以方便、快速地到达自己需要的页面，又可以清晰地知道自己所在的位置，如图 1-10 所示。

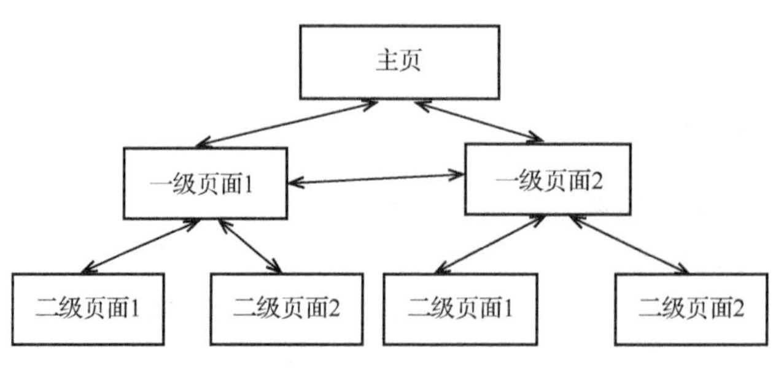

图 1-10　混合超链接结构

在如图 1-10 所示的页面超链接结构设计中，主页、一级页面 1 和一级页面 2 之间使用网状超链接结构，可以互相浏览，直接到达。而一级页面 1 和它的子页面之间使用树状超链接结构，用户浏览二级页面 1 后，必须回到一级页面 1，才能浏览一级页面 2 的子页面。

1.2.2　网页布局

一个好的网页布局是吸引用户的重要原因。各种风格设计及不同类型主题的网站非常多，总体来说，网页主要包含以下几种布局模式：大图横幅广告加栅格布局、F 式布局、单页布局、自定义栅格布局。

1．大图横幅广告加栅格布局

大图横幅广告加栅格布局效果如图 1-11 所示。

图 1-11　大图横幅广告加栅格布局效果

在这种布局中，网页元素由顶部导航、横幅广告大图、3～5 个分栏、主要内容区域和底部组成。在该布局中，每个网页元素都各司其职，起到相互凸显的作用，例如，大图横幅广告用于营造氛围，给予用户特定的体验，而下面的次一级元素能够做到很好的支撑。越来越多这类网页开始采用色彩丰富的插画式图标，而扁平化的设计风格和这种布局页面有着天然的契合。

2. F 式布局

有研究表明，用户在浏览网页时，习惯沿着 F 式的阅读轨迹来浏览信息，即用户的阅读模式倾向于先从左到右阅读，然后向下移动，最后继续从左到右阅读。这种 F 式的阅读模式对应的网页布局就是 F 式布局，在布局网页时将最关键的信息靠左显示，从上到下尽量保持在一条线上，如图 1-12 所示。

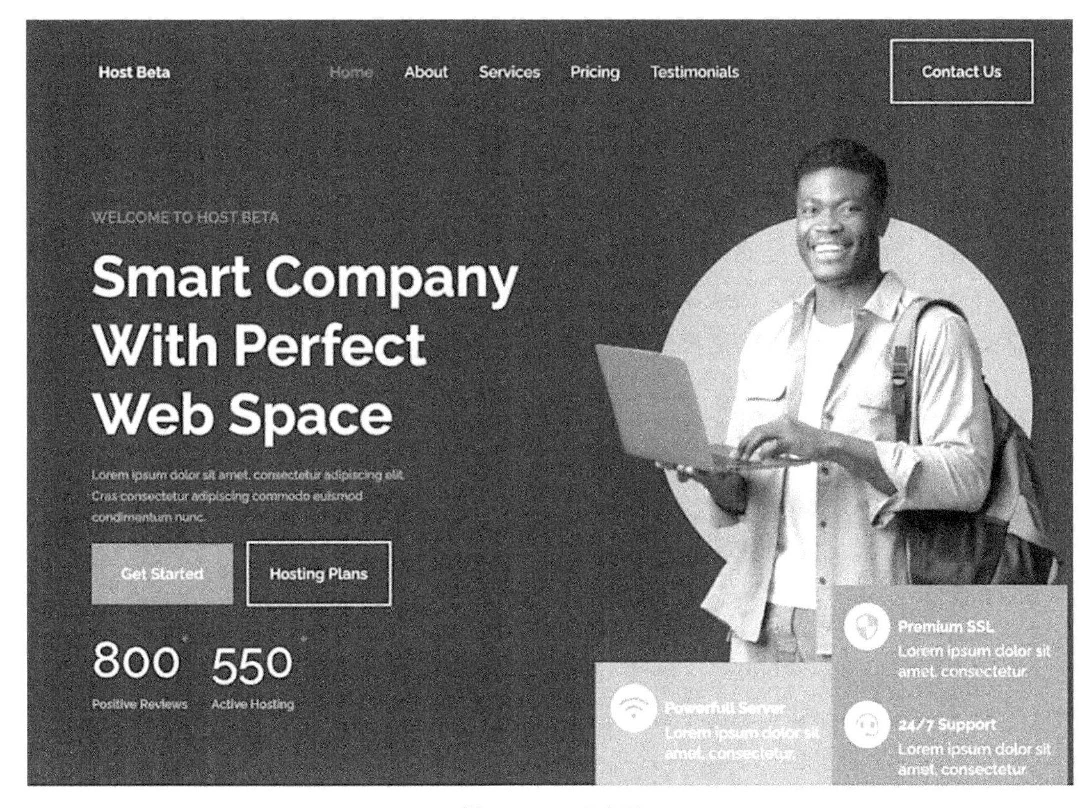

图 1-12　F 式布局

在该布局模式下，页面一般包含页头和导航，以及左栏、右栏、底部。左栏相对较宽，用于展示主要的内容，右栏常为侧边栏，用于展示相关超链接等内容。F 式布局模式拥有良好的适用性，便于用户理解和与网页交互。

3. 单页布局

单页布局将网站的所有主要内容都放在一个网页上，通过滚动完成导航，有时还使用视差滚动效果，如图 1-13 所示。

图 1-13　单页布局

4．自定义栅格布局

使用自定义栅格布局能将网页分成简单属性的行和列，将内容固定在其中，实现丰富的布局，如图 1-14 所示。

自定义栅格布局的核心在于能正常使用栅格进行动态自适应的变化，尤其是面对不同宽度的屏幕时，其优点更加突出。

使用自定义栅格布局可以同时呈现大量视觉化的内容，使网页看起来足够丰富。栅格的优势在于它的组织性强，对于用户而言，它具有规律性和可预期性。一个漂亮的栅格系统不仅能够让用户更快地找到需要的内容，而且在视觉上更加协调自然。

瀑布的水流遇见了风，扬起无数水花，像薄雾般笼罩在空中。

晚霞与朝阳，都是不容错过的风景。

云朵争先恐后，似乎像是在赛跑，它们变幻着形状，时而缥缈，时而奔放。

图 1-14　自定义栅格布局

1.3　站点的建立和访问

1.3.1　Web 服务器和本地站点

网站是指包含网页及其他文档的文件夹。一个网站建立好以后，需要将其发布到服务器上管理，才能使其被访问到。本节将讨论 Web 服务器的概念及本地站点的建立。

Web 服务器用于提供网络服务，可以处理浏览器等 Web 客户端的请求并返回相应的响应。对于 WWW 服务而言，网站服务器主要用于存储用户所浏览的 Web 站点。当前主流的 Web 服务器主要包括 Apache、Nginx、IIS 等。

本地站点是在本地计算机上创建的站点，其内容都保存在本地计算机上。本地站点上的内容需要发布到服务器上才能被其他人访问。

IIS（Internet Information Server，互联网信息服务）是由微软公司提供的基于 Microsoft Windows 运行的 Web 服务。IIS 提供了对站点进行管理的功能，在计算机中安装 IIS 以后，就可以对站点进行管理。

在本地计算机上安装 IIS，实际上是将本地计算机构建成一台真正的 Internet 服务器。

1.3.2 安装 IIS

本节以 Windows 10 为例，讲解如何安装 IIS。

（1）在 Windows 10 桌面上，选择“开始”菜单中的“设置”命令，进入“Windows 设置”界面，单击“应用”按钮，如图 1-15 所示。

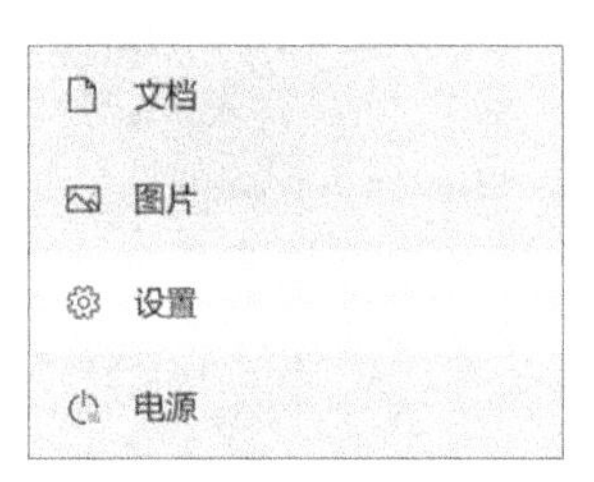

图 1-15　打开“Windows 设置”界面

（2）在“应用和管理”界面中，单击“程序和功能”超链接。在“卸载或更改程序”界面中，单击“启用或关闭 Windows 功能”超链接，在弹出的“Windows 功能”界面中，勾选 Internet Information Services 节点下方的复选框（FTP 服务器、Web 管理工具、万维网服

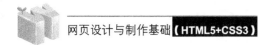

务），单击“确定”按钮即可安装 IIS，如图 1-16 所示。

图 1-16　安装 IIS

IIS 在本地计算机安装成功后，本地计算机就成为一台 Web 服务器。默认存放网站的位置是 C:/inetpub/wwwroot，在地址栏中输入 localhost 就可以实现访问。在初始状态下，显示的是系统默认的 iisstart.htm 页面，如图 1-17 所示。

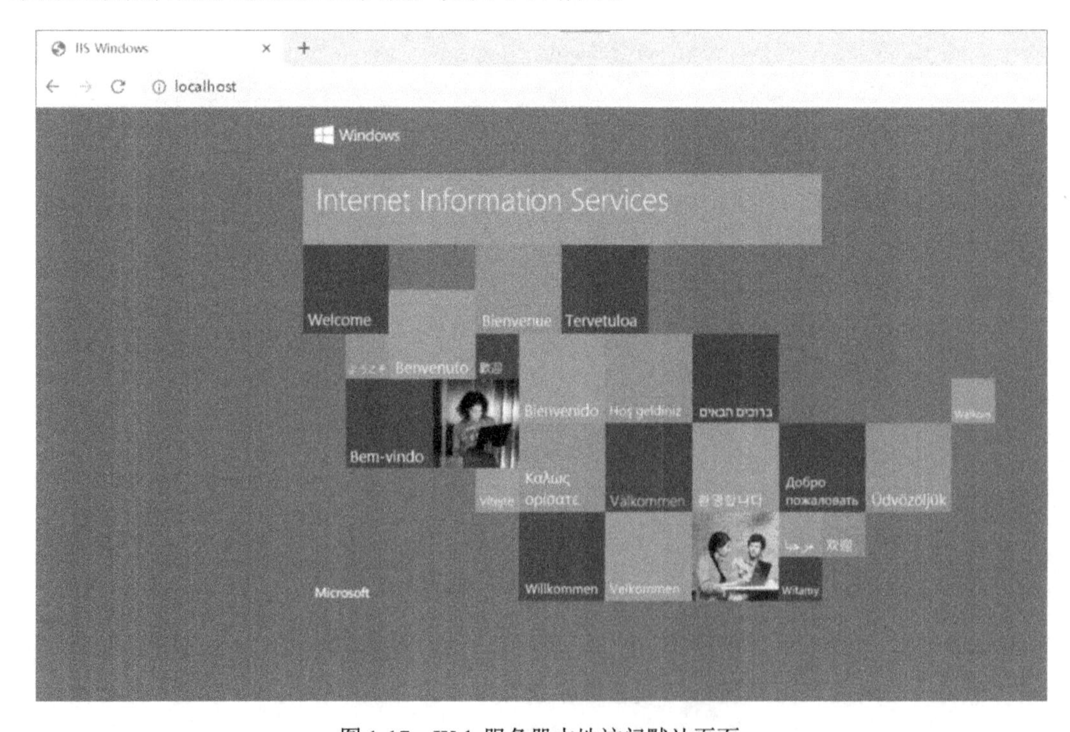

图 1-17　Web 服务器本地访问默认页面

如果把做好的网站（例如，名称为 meishi 的网站）放置到 C:/inetpub/wwwroot 目录下（见图 1-18），那么只需要在浏览器中输入 localhost/meishi，即可查看该网站的所有内容，如图 1-19 所示。

图 1-18　将网站放置到 C:/inetpub/wwwroot 目录下

图 1-19　在本地计算机上浏览网站

1.3.3　常用的网页编辑工具

常用的网页编辑工具包含以下 3 种，如图 1-20 所示。

（1）Dreamweaver：包括可视化编辑、HTML 代码编辑。该软件支持可视化操作，对初学者比较友好。用户不需要编写代码，在图形化界面中，通过鼠标操作即可实现大部分网页效果。

（2）VS Code（Visual Studio Code）：一款由微软开发且跨平台的免费源代码编辑器。其优点是文件小，安装方便，可根据需要随时安装插件，同时可以兼容其他编辑器常用的快捷键。其支持 JavaScript、PHP、Python、Java 等多种语言。

（3）HBuilder：由 DCloud（数字天堂）推出的一款支持 HTML5 的 Web 开发 IDE。它最大的优点是开发速度快，通过完整的语法提示和代码输入法、代码块及多个配套，能大幅提升 HTML 的开发速度。HBuilder 要求用户具有一定的编程基础，初学者不容易上手。

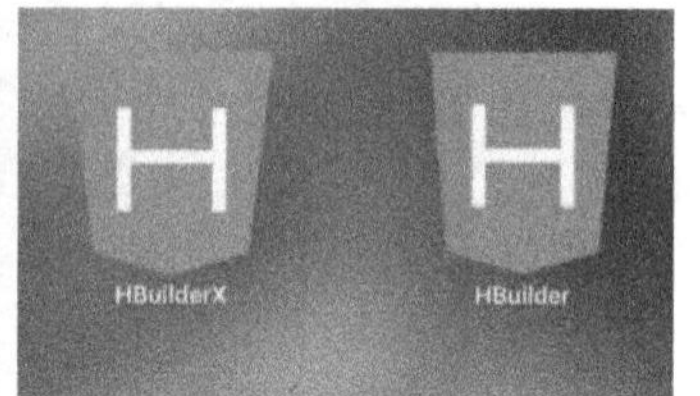

图 1-20　常用的网页编辑工具

1.3.4　建立本地站点

本节以 Dreamweaver CC 2018 为例，讲解本地站点的建立和网页制作内容。

建立站点是搭建网站的首要工作。下面以 Dreamweaver CC 2018（见图 1-21）为例，介绍如何在本地建立一个站点。

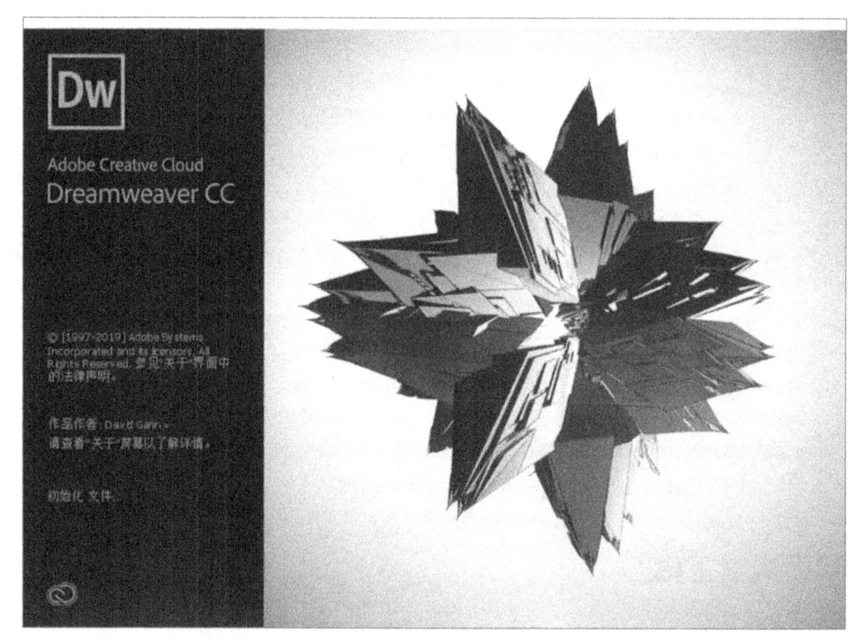

建立本地站点

图 1-21　Dreamweaver CC 2018 页面

1．新建站点

下面新建名为 web1 的站点，在 Dreamweaver 菜单栏中，选择“站点”→“新建站点”命令，在弹出的“站点设置对象 web1”对话框中，输入站点名称 web1，在“本地站点文件夹”文本框右侧单击“文件夹”图标，选择站点的存放位置，单击“保存”按钮，即可建立一个站点，如图 1-22 所示。在窗口左侧的“本地文件”目录下，有一个刚刚建立的站点 web1，如图 1-23 所示。

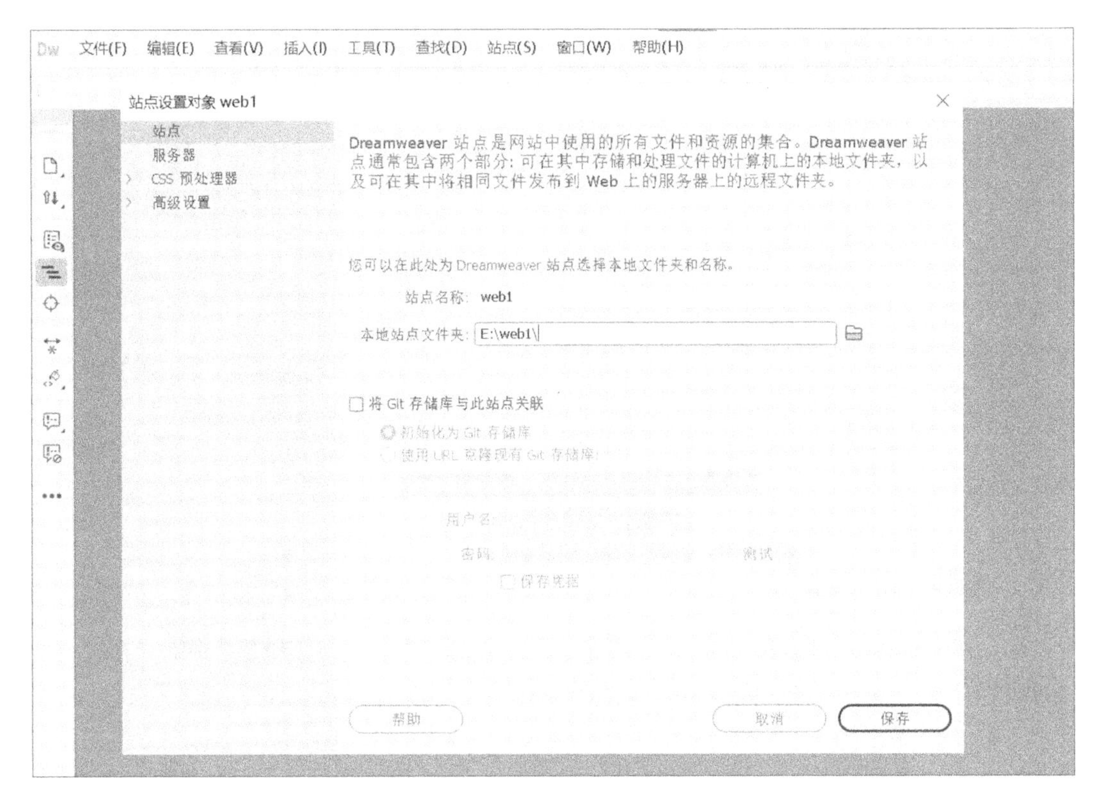

图 1-22　新建站点

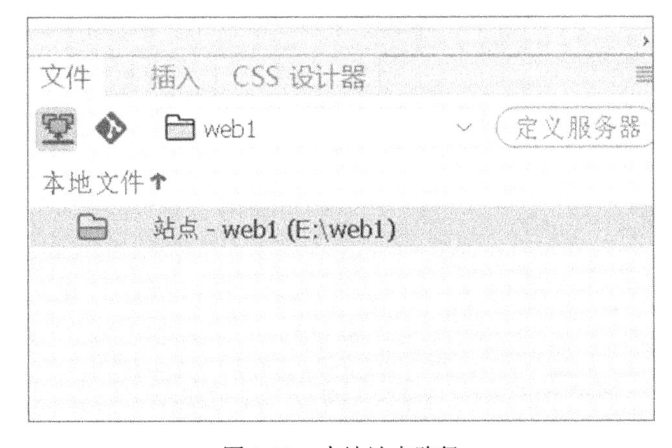

图 1-23　本地站点路径

2．新建文件夹

成功创建本地站点 web1 后，用户可以根据需要创建各栏目文件夹和文件。例如，在站点中，创建一个用于存放图片的文件夹 images，右击站点 - web1，在弹出的快捷菜单中选择“新建文件夹”命令，输入文件夹的名字 images，即可在根目录下创建文件夹 images，如图 1-24 所示，接下来，用户即可把需要的图片放入该文件夹中。用同样的方法，可以创建 css 文件夹。

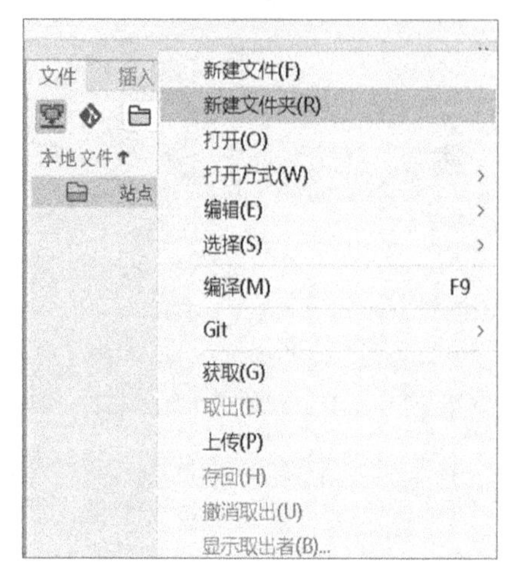

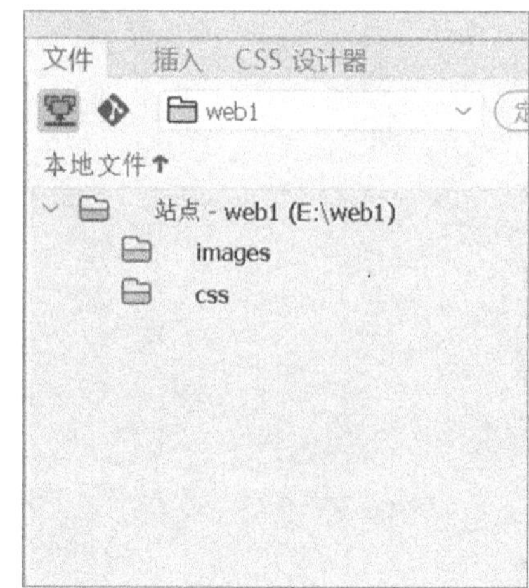

图 1-24 新建站点内文件夹

3．新建主页 index.html

站点建立好以后，便可以创建一个新的页面，选择“文件”→“新建”命令，在打开的“新建文档”对话框中选择文档类型为 HTML，单击“创建”按钮，即可创建一个 HTML 文档，如图 1-25 所示。

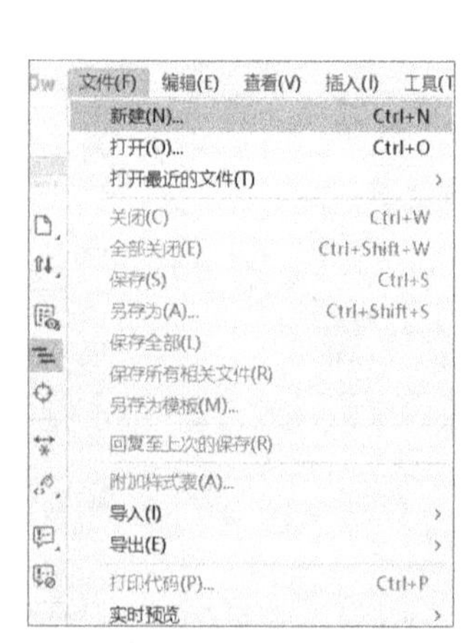

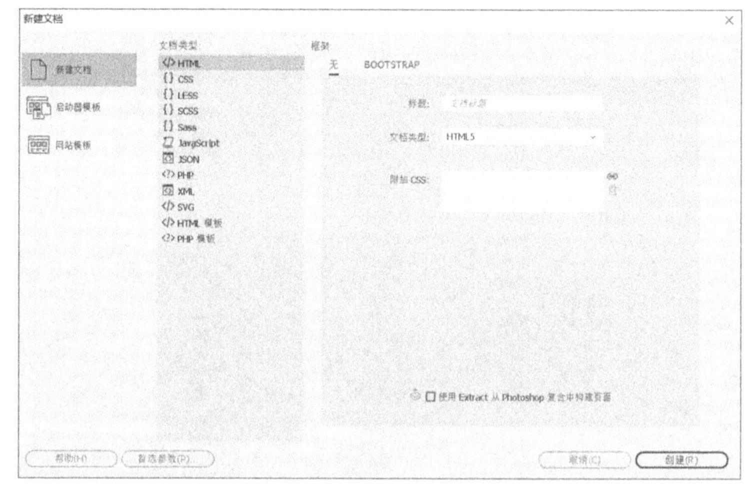

图 1-25 新建 HTML 文档

右击 Untitled.1 文件名，在弹出的快捷菜单中选择“保存”命令，在弹出的“另存为”对话框中，将文件重命名为 index.html，单击“保存”按钮，即可创建一个 index.html 页面，如图 1-26 所示。

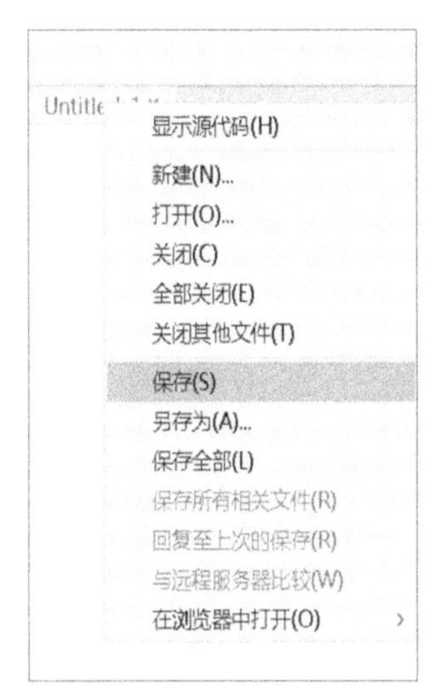

图 1-26　新建主页 index.html

4．编辑主页内容

Dreamweaver 页面有“代码”“拆分”“设计”3 种视图，如图 1-27 所示。

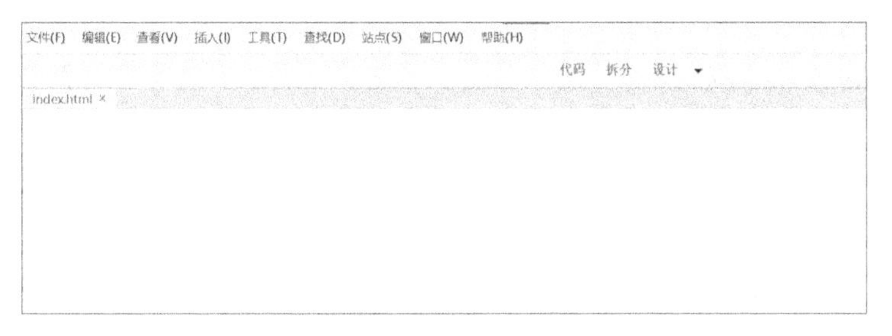

图 1-27　3 种视图

当前选择“设计”视图，在页面中输入“二丫头的美食屋”。选择“插入”→“Image”命令，从站点的 images 文件夹中，选择一张图片，单击“确定”按钮，操作页面如图 1-28 所示。

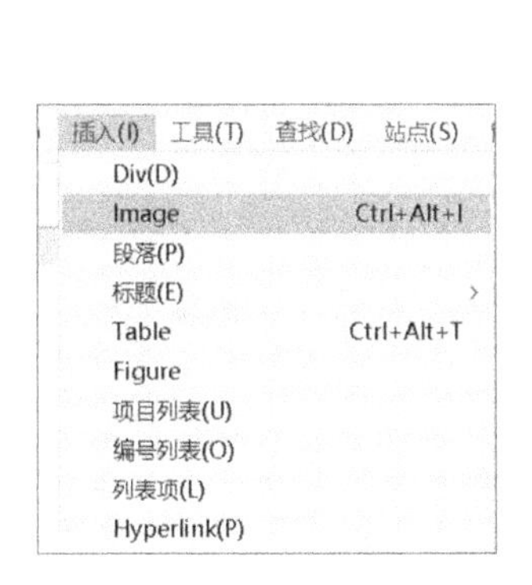

图 1-28　插入图片

插入图片后，初始效果如图 1-29 所示。

图 1-29　初始效果

5．设置文字和图片样式

首先选中“二丫头的美食屋”，在“属性”面板中单击 CSS 按钮，并单击“CSS 和设计器”按钮，在弹出的“CSS 设计器”面板中，单击“源”左边的“+”图标，在弹出的下拉列表中选择“在页面中定义”选项，该选项表示建立的 CSS 样式保存在本页面中。单击“选择器”左边的“+”图标，在下方输入要定义的样式名称，如.biaoti，添加一个.biaoti 类的样式。在下方的“属性”窗格中，单击“文本”图标，设置 color（颜色）、font-family（字体）和 font-size（字号）参数，并设置 text-align（文本对齐方式）为居中，如图 1-30 所示。

图 1-30　设置文字样式

设置完成后，按 F12 键进行预览，即可看到标题的变化。通过“代码”视图，可以看到，刚才定义了一个名为.biaoti 的样式，并应用到了段落 p 里面。代码为<p class="biaoti">二丫头的美食屋</p>，如图 1-31 所示。

```
<!doctype html>
<html>
<head>
 <meta charset="utf-8">
 <title>无标题文档</title>
 <style type="text/css">
    .biaoti {
      color: #EF6614;
      font-family: "黑体";
      font-size: x-large;
      text-align: center;
    }
 </style>
</head>
<body>
 <p class="biaoti" >二丫头的美食屋</p>
 <p ><img src="images/chick.jpg" /></p>
</body>
</html>
```

图 1-31　设置.biaoti 样式的“代码”视图

然后设置图片的样式。如果只需要设置图片居中对齐，那么可以将图片的样式也设置为.biaoti 样式，具体操作为在“代码”视图中（见图 1-31），将图片所在段落 p，添加 class="biaoti"。具体代码如下。

```
<p class="biaoti"><img src="images/chick.jpg" /> </p>
```

最后设置页面的背景图片，单击“设计”视图，并单击“属性”面板中的“页面属性”按钮，在弹出的“页面属性”对话框中选择“外观（CSS）”选项，在“背景图像”文本框右侧单击“浏览”按钮，在站点内的 images 文件夹中选择背景图片 bg.jpg，单击“确定”按钮后即可设置页面的背景图片，如图 1-32 所示。

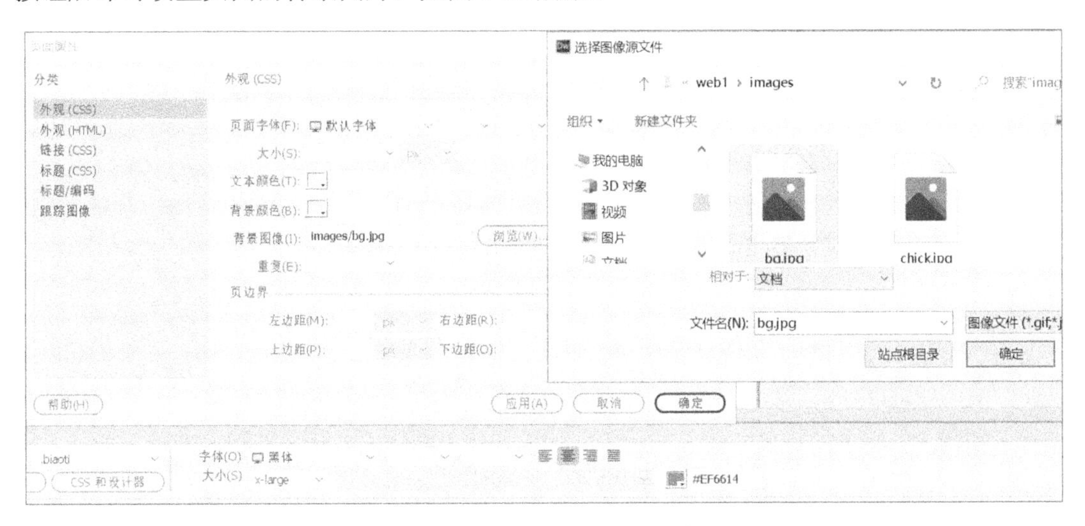

图 1-32　设置页面的背景图片

单击“拆分”视图（见图 1-33），可以非常直观地看到页面的效果和对应的代码。在代码部分，可以看到定义了样式，包含一个类.biaoti 和对 body 元素的背景图片的设置。

```
body {
    background-image: url(images/bg.jpg);
}
```

```
1-1index.html* ×
二丫头的美食屋
5    <title>无标题文档</title>
6 ▼  <style type="text/css">
7 ▼    .biaoti {
8        color: #EF6614;
9        font-family: "黑体";
10       font-size: x-large;
11       text-align: center;
12     }
13 ▼   body {
14       background-image: url(images/bg.jpg);
15   }
16   </style>
17  </head>
18 ▼ <body>
19   <p class="biaoti" >二丫头的美食屋</p>
20   <p class="biaoti"><img src="images/chick.jpg" /></p>
```

图 1-33　“拆分”视图

完成主页设计后，按 F12 键即可预览页面。

index.html 页面的完整代码如下。

```
<!doctype html>
<html>
<head>
    <meta charset="utf-8">
    <title>无标题文档</title>
    <style type="text/css">
        .biaoti {
            color: #EF6614;
            font-family: "黑体";
            font-size: x-large;
            text-align: center;
        }
        body {
            background-image: url(images/bg.jpg);
        }
```

```
    </style>
</head>
<body >
    <p class="biaoti" >二丫头的美食屋</p>
    <p class="biaoti"><img src="images/chick.jpg" /></p>
</body>
</html>
```

1.4 小结

本章首先介绍了网页设计的基础知识，包括万维网（WWW）服务、URL 和域名、静态页面和动态页面等；然后介绍了网站的结构规划和常用的网页布局方法；最后通过一个具体例子，详细介绍了如何建立一个站点，如何设置样式、编辑页面，以及浏览整个网站的过程。

1.5 思考与练习

1. 思考题

（1）网站和网页的概念分别是什么？

（2）静态页面和动态页面的区别是什么？

（3）已知一个 URL 为 https://www.phei.com.cn/，请思考每部分的含义并写出。

（4）网站目录设计的基本原则是什么？

2. 操作题

安装 Dreamweaver CC 2018，并建立个人主页站点。

第2章 HTML5基础

HTML（Hypertext Markup Language，超文本标记语言）通过使用一系列标签的方式来统一描述网页上的文档格式，使分散的 Internet 资源连接为一个逻辑整体。在设计网页之前，必须先掌握 HTML 的基本用法，这是学习网页设计的基础。本章围绕 HTML5 基础，主要讲述以下内容。

（1）HTML 文档结构。

（2）HTML 标签。

（3）HTML5 语义元素。

（4）HTML5 功能元素。

2.1 HTML 文档结构

一个基本的 HTML 文档是按照一定的规则将标签组织起来的一种结构文件。HTML 标签主要包含三大部分。

（1）HTML 标签：<html> </html>，标明这是一个 HTML 文档。

（2）头部标签：<head> </head>，提供与网页相关的信息，如网页标题等。

（3）正文标签：<body> </body> ，里面包含文档的主要内容，如文本、图像、动画、超链接等。

下面是一个简单的 HTML 文档例子。

```
<!doctype html>
<html>
<!--二丫的个人站点-->
```

```
<head>
    <title>二丫的个人站点</title>
</head>
<body >
    <p style="text-align: center;font-size: 18px">
        <b>二丫的个人主页</b>
    </p>
    <img src="p1.jpg" alt="主页图片"/>
</body>
</html>
```

在上面的 HTML 文档中，<!doctype>不是 HTML 标签，它用于声明文档类型，使浏览器知道应该如何处理文档，并且让验证器知道应该按照什么样的标准检查代码的语法。HTML 4.01 规定了 3 种不同的 <!doctype> 声明，分别是 Strict、Transitional 和 Frameset。而 HTML5 仅规定了一种，即<!doctype>。

<!--二丫的个人站点-->是一个注释标签，用于在 HTML 源代码中插入注释，以方便对程序代码进行解释，提高程序代码的可读性，注释部分不会被浏览器执行。

<html>是 HTML 文档标签，HTML 标签成对出现，以<html>开头，以</html>结尾，表示一个 HTML 文档。

<head>是头部标签，用于定义文档的头部，它是所有头部元素的容器。这些头部元素包含元信息、定义样式表及引用外部样式表、定义脚本语言等，具体如下。

（1）title：定义文档标题。它的内容将在浏览器的标题栏中显示。

（2）meta：可提供有关页面的元信息（meta-information），比如针对搜索引擎和更新频度的描述和关键词。<meta>标签的属性定义了与文档相关联的名称/值对，如声明文档使用的字符编码、开发工具、作者、网页关键词和网页描述等。这些定义的内容并不在网页中显示，但是可以被一些搜索引擎检索到。<meta charset="utf-8">声明了此页面使用 utf-8 字符编码格式，支持中文显示；<meta name="keywords" content=""/>用于设置网页关键词及网页描述，例如＜meta name="viewport" content="width=device-width, initial-scale=1, maximum-scale=1"＞声明了页面宽度和设备宽度一致，缩放比例为 1，保证了移动端的页面在不同分辨率的手机上以同样大小来显示。

（3）style：定义文档的样式，也可以用 link 链接外部样式表。例如，<style type="text/css" link="st1.css"></style>用于将外部样式表文档 st1.css 导入文档中。

（4）script：定义脚本语言。它既可以包含脚本语言，也可以通过 src 属性指向外部脚本。

（5）base：定义页面中所有超链接的基准 URL。

<body>是正文标签，正文的内容放置在<body>和</body>之间。在上面的 HTML 文档中，首先添加了“二丫的个人主页”这几个字，它们使用<b>标签标记，表示加粗，同时<b>

标签位于段落标签<p>中，p 段落的样式设置为字体大小 18px、居中显示。然后插入了一张图片，图片的名字为 p1.jpg，并设置了图片的 alt 属性，当图片无法显示时，alt 属性可以为图片提供替代的信息。该页面设计好以后，浏览效果如图 2-1 所示。

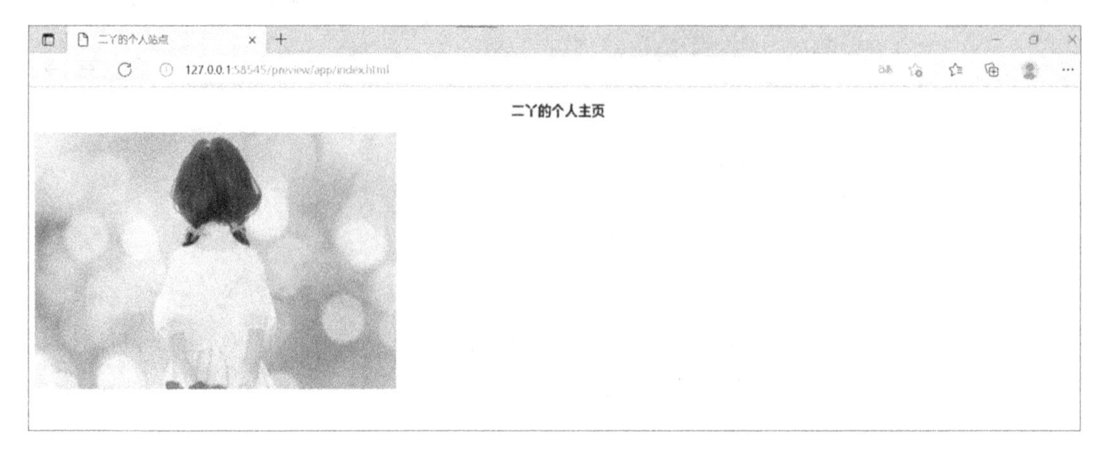

图 2-1　个人主页浏览效果

可以使用记事本（TXT）来编写刚才在 Web 站点中建立的页面，如图 2-2 所示。

使用记事本编写页面

图 2-2　使用记事本编写页面

首先建立一个文本文件，依次输入标签<html></html>、<head></head>、<body></body>。然后在<body></body>里面输入文字内容“二丫的个人主页”，在<head></head>里面使用<title></title>标签，输入标题“二丫的个人站点”。最后将文本文件保存为.html 格式，如 index.html，双击打开该文件就是一个网页了。

如果需要把字体加粗，则可以将网页打开方式设置为“记事本”，在记事本中编辑网页内容，例如，在文字前面插入<b>标签，就表示加粗。如果要插入图片，则需要使用<img/>标签，其中，属性 src 表示图片的来源，显示为一个路径。在上面的例子中，路径使用的是相对路径，表示图片 p1.jpg 和当前页面处于同一个目录下。编辑完成并保存后，再次打开就可以看到网页显示效果了。

HTML 是超文本标记语言，页面中所有的内容格式，都需要 HTML 做相应的标记才能正确显示。例如，要让图片显示的位置为文字上方，那么只需在图片前面加上<P>标签即可，相当于图片单独成为一个段落。

2.2 HTML 标签

2.2.1 HTML 结构和内容标签

常见的 HTML 结构和内容标签如下。

（1）<html>：HTML 文档标签。

（2）<head>：HTML 头部标签。

（3）<body>：HTML 正文标签。

（4）<p>：段落标签，用于分段，段落之间有固定的间距。

（5）<span>：用来组合文档中的行内元素，以便通过样式来格式化它们。

（6）
：换行标签，此标签为单标签。

（7）<hr/>：水平线标签，一般用于分隔内容。

（8）<table>：表格标签，包含行标签<tr>和列标签<td>。

（9）<h1>：小标题标签。例如，在 2.1 节的网页内容中将“二丫的个人主页”设置为标题文字，只需把“二丫的个人主页”用<h1></h1>环绕即可（<h1>二丫的个人主页</h1>），表示设置这些文字为标题 1 的样式，它有默认的格式。在 HTML 中，小标题标签除了<h1>，还有<h2>、<h3>、<h4>、<h5>、<h6>。

（10）<a href=""></a>：超链接标签，表示为文字设置超链接，属性 href 表示超链接的位置。例如，在如图 2-1 所示网页的基础上，加入电子工业出版社，并为其设置超链接，可以在<body></body>标签中输入<a href="https://www.phei.com.cn/"> 电子工业出版社</a>，就表示插入了一个超链接。

（11）<div>：层布局，层布局为网页布局的主要方式之一，通过将内容放在不同的层里面，设置层的不同 CSS 样式，实现网页内容的布局。层布局的介绍详见第 8 章。

（12）<ul><li></li></ul>：列表，用于将相关内容以条目的方式呈现，使内容看起来更加简洁明了。例如，在下面的例子中，使用列表的方式来呈现社会主义核心价值观。

```
<ul>
        <li>富强、民主、文明、和谐</li>
        <li>自由、平等、公正、法治</li>
        <li>爱国、敬业、诚信、友善</li>
</ul>
```

<ul><li></li></ul>列表默认为项目符号列表，如图 2-3 所示。

（13）<ol><li></li></ol>：列表，<ol><li></li></ol>列表默认为数字列表，如图 2-4 所示。列表的具体使用方式，详见第 5 章。

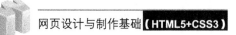

```
<ol>
    <li>富强、民主、文明、和谐</li>
    <li>自由、平等、公正、法治</li>
    <li>爱国、敬业、诚信、友善</li>
</ol>
```

- 富强、民主、文明、和谐
- 自由、平等、公正、法治
- 爱国、敬业、诚信、友善

图 2-3　<ul><li></li></ul>列表

1. 富强、民主、文明、和谐
2. 自由、平等、公正、法治
3. 爱国、敬业、诚信、友善

图 2-4　<ol><li></li></ol>列表

（14）<img/>：图片，如<img src="img/p1.jpg"/>。

（15）<form>：表单。表单里面主要的布局元素如下。

① input 元素，根据不同的 type 属性，input 元素又可以分为如下几类。

<input type="text">：定义供文本输入的单行输入字段。

<input type="password">：定义密码字段。

<input type="radio">：定义单选按钮。

<input type="checkbox">：定义复选框。

<input type="submit">：定义提交表单数据至表单处理程序的按钮。

<input type="button">：定义按钮。例如，<input type="button" onclick="alert('你好!')">鼠标单击</button>，定义了一个名为“鼠标单击”的按钮，单击该按钮，弹出一个消息框显示“你好”。

② select 元素（下拉列表）。

下拉列表使用分项（option）的方式，供用户选择，用户可以通过单击下拉列表的下拉箭头来选择项目，如图 2-5 所示。

```
<select name="pc">
   <option value="联想">联想笔记本电脑</option>
   <option value="惠普">惠普笔记本电脑</option>
   <option value="神舟">神舟笔记本电脑</option>
   <option value="方正">方正笔记本电脑</option>
</select>
```

图 2-5　下拉列表

关于表单的介绍，详见第 9 章。

2.2.2 HTML 字符格式标签

HTML 字符格式标签主要用来标识部分文本字符的语义。例如，加粗、斜体或者显示下画线。其主要标签如下。

（1）<b>：标识强调文本，以加粗效果显示。

（2）<i>：标识引用文本，以斜体效果显示。

（3）<big>：标识放大文本，以放大效果显示。

（4）<small>：标识缩小文本，以缩小效果显示。

（5）<cite>：标识引用文本，以引用效果显示。

（6）<blink>：标识闪烁文本，以闪烁效果显示（IE 浏览器不支持）。

（7）<sup>：标识上标文本， 以上标效果显示。

（8）<sub>：标识下标文本，以下标效果显示。

例如，下面的例子完成了水分解化学方程式的书写。在<body>标签中输入如下代码。

```
<body>
    水分解：</br>
    水分解简称水解，是一种<big><b>化工单元过程</b></big>，是利用水将物质分解形成新的物质的过程。其<i>化学方程式为：</i></br>
    2H<sub>2</sub>O=2H<sub>2</sub>↑+O<sub>2</sub>↑</br>
</body>
```

网页显示效果如图 2-6 所示。

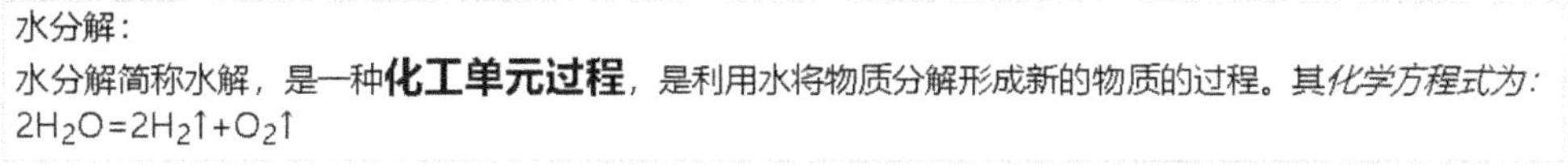

水分解：
水分解简称水解，是一种**化工单元过程**，是利用水将物质分解形成新的物质的过程。其*化学方程式为：*
$2H_2O=2H_2\uparrow+O_2\uparrow$

图 2-6 网页显示效果

在上述例子中，文本“化工单元过程”使用文本放大<big>和加粗<b>标签，凸显重要内容；文本“化学方程式为：”使用斜体<i>标签；在化学方程式的书写中部分数字 2 使用下标<sub>标签。

2.3 HTML5 语义元素

HTML5 是目前最新的 HTML 标准，在原来 HTML4 的基础上，引入了新的语义、图形及多媒体元素，实现了简化页面结构、承载更多丰富的 Web 内容、跨平台应用的功能。

HTML5 引入了多个新的语义元素用来更加细致地描述页面及文档结构。它们用于明确 Web 页面的不同部分，主要包括以下元素，如图 2-7 所示。

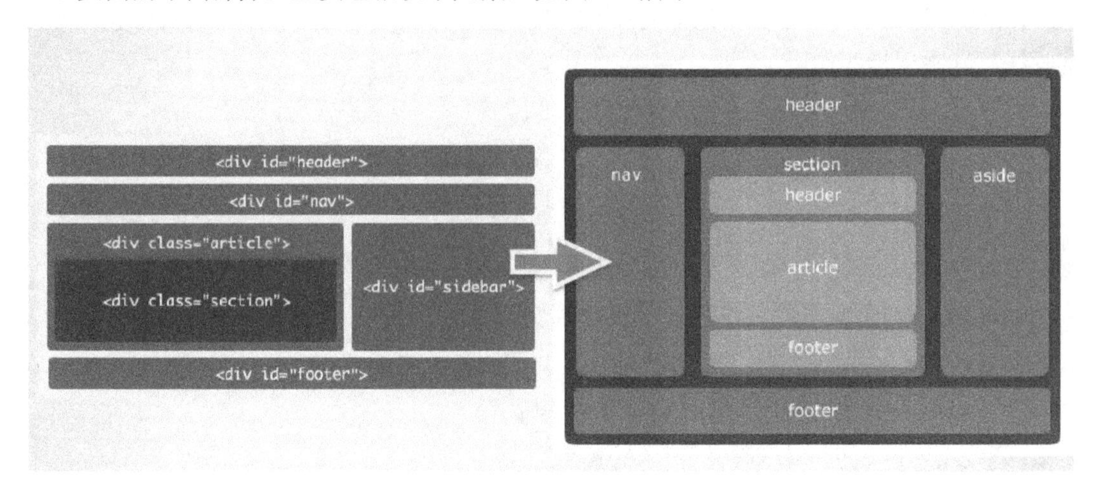

图 2-7　HTML5 语义元素

（1）header：该元素主要用于为 article 元素定义文章“头部”信息。

（2）nav：该元素专门用于定义页面上的各种“导航”。HTML5 推荐将导航超链接分别放在相应的 nav 元素中进行管理。

（3）section：该元素用于对页面的内容进行分块。

（4）article：该元素用于代表页面上独立、完整的一篇文章，可以为一个帖子、一篇短文或一条回复等。

（5）aside：该元素专门用于定义当前页面或当前文章的附属信息，推荐将该元素使用 CSS 样式渲染成侧边栏。

（6）footer：该元素主要用于为 article 元素定义“脚注”，包括该文章的版权信息、作者授权信息等。

下面使用语义元素设计一个个人博客页面，效果如图 2-8 所示。

具体操作步骤如下。

（1）在 Dreamweaver 中选择“站点”→“新建站点”命令，建立站点 web1。

（2）选择“文件”→“新建”命令，设置“文档类型”为 HTML，单击“创建”按钮，新建一个网页，并保存为 index.html。

（3）单击窗口中的“代码”视图，在“代码”视图的<body></body>区域中，使用 HTML5 语义元素来设置内容，使用 article 元素标记一整篇文章，使用 header 元素标记标题部分，使用 section 元素标记单独的内容块。section 元素用于定义文档内容块，article 元素用于定义完整的文字，两者可以相互嵌套使用。

DIV+CSS学习心得

在使用DIV+CSS布局前，需要先了解页面的整体布局结构，如主页内容、站点导航（主菜单）、子菜单、搜索框、功能区、页脚，只有清楚了页面的结构，才能更好地设计CSS样式。所以要先建立页面文档的布局草图。

在对每个div层设计样式时，可以采用先总后分的方法，总结共有的样式，建立相应的类，同时注意写成单独的样式表，以实现样式和内容的分离。

评论区

作者：木之鱼

很有用，学习了，期待更新哦。

作者：小五

先总后分写得很好，这样可以极大地减少代码量。

使用语义元素设计个人博客页面

图 2-8　使用语义元素设计个人博客页面

具体代码如下。

```
<body>
  <article>
    <header>
        <h1>DIV+CSS 学习心得</h1>
    </header>
    <p>在使用 DIV+CSS 布局前，需要先了解页面的整体布局结构，如主页内容、站点导航(主菜单)、子菜单、搜索框、功能区、页脚，只有清楚了页面的结构，才能更好地设计 CSS 样式。所以要先建立页面文档的布局草图。</p>
    <p>在对每个 div 层设计样式时，可以采用先总后分的方法，总结共有的样式，建立相应的类，同时注意写成单独的样式表，以实现样式和内容的分离。</p>
    <section>
        <h1>评论区</h1>
        <article>
            <header>
                    <p>作者：木之鱼</p1>
            </header>
            <p>很有用，学习了，期待更新哦。</p>
        </article>
        <article>
            <header>
                    <p>作者：小五</p1>
            </header>
            <p>先总后分写得很好，这样可以极大地减少代码量。</p>
        </article>
```

```
    </section>
  </article>
</body>
```

初始预览效果如图 2-9 所示。

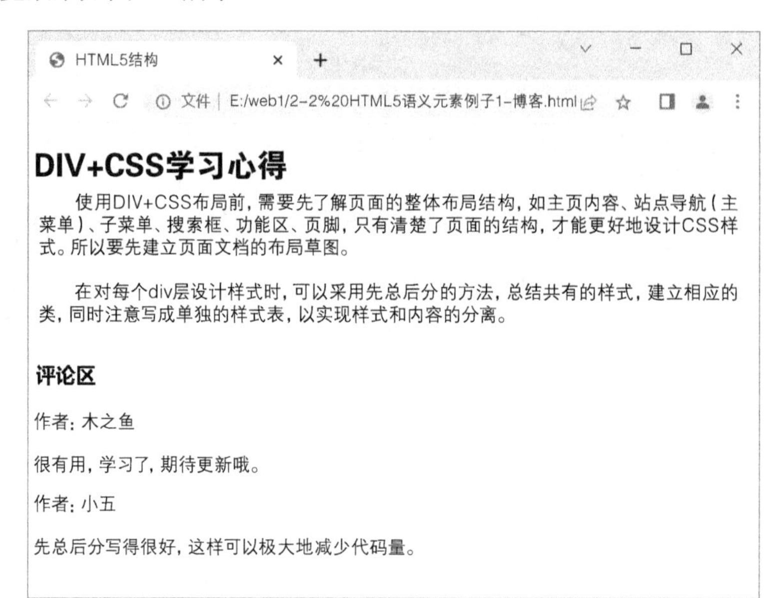

图 2-9　个人博客页面初始预览效果

（4）设置标题等样式。具体步骤为，在<head></head>区域中增加<style>标签，在<style>标签中添加如下相应的样式。

```
header{background-color: #0099CC;}
h1,p{margin-top:0;padding-left:15px;padding-right: 15px;}
p{text-indent:2em;}
header,section,article{display: block;}
```

其中，header{background-color: #0099CC;} 语句定义了 header 元素的背景颜色；h1,p{margin-top:0;padding-left:15px;padding-right: 15px;}语句同时定义了 h1 和 p 的样式为外边距距离上边为 0，内边距距离左边为 15px、距离右边为 15px；p{text-indent:2em;}定义了段落首行缩进两个字符。header,section,article{display: block;}语句同时定义了 header、section、article 的显示方式为块级元素。

完整的页面代码如下。

```
<html lang="zh">
<head>
    <meta charset="UTF-8">
    <meta name="viewport" content="width=device-width, initial-scale=1.0">
    <meta http-equiv="X-UA-Compatible" content="ie=edge">
    <title>HTML5 结构</title>
```

```
    <style>
        header{background-color: #0099CC;}
        h1,p{margin-top:0;padding-left:15px;padding-right: 15px;}
        header,section,article{display: block;}/*兼容浏览器*/
    </style>
</head>
<body>
    <artile>
        <header><h1>DIV+CSS 学习心得</h1></header>
        <p>在使用 DIV+CSS 布局前，需要先了解页面的整体布局结构，如主页内容、站点导航（主菜单）、子菜单、搜索框、功能区、页脚，只有清楚了页面的结构，才能更好地设计 CSS 样式。所以要先建立页面文档的布局草图。</p>
        <p>在对每个 div 层设计样式时，可以采用先总后分的方法，总结共有的样式，建立相应的类，同时注意写成单独的样式表，以实现样式和内容的分离。</p>
        <section>
            <h1>评论区</h1>
            <artile>
                <header><p>作者：木之鱼</p></header>
                <p>很有用，学习了，期待更新哦。</p>
            </artile>
            <article>
                <header><p>作者：小五</p></header>
                <p>先总后分写得很好，这样可以极大地减少代码量。</p>
            </article>
        </section>
    </artile>
</body>
</html>
```

在校园生活中，很多同学可能会有一些闲置物品需要处理，此时可以建立二手物品网络交易平台，这样既能使物品得到循环利用，又节约了能源，是一项既经济又环保的措施。下面使用 HTML5 语义元素设计一个校园二手网，用于发布校园二手商品信息。该网页布局如下。

（1）在<header></header>区域中存放标题“校园二手网”和副标题“同学交易更放心”。

（2）将主要内容分成左、中、右 3 栏：使用<nav>标签在左栏中放置导航菜单；使用<section>标签在中间栏中放置主要内容<article>，其中包括标题<header>、正文<p>和注释信息<footer>；使用<aside>标签设置右栏信息。

（3）使用<footer>标签放置版权信息。

其中，将主要内容和版权信息放在一个大的 div 层中。

HTML5 语义元素应用-校园二手网主页

校园二手网主页效果如图 2-10 所示。

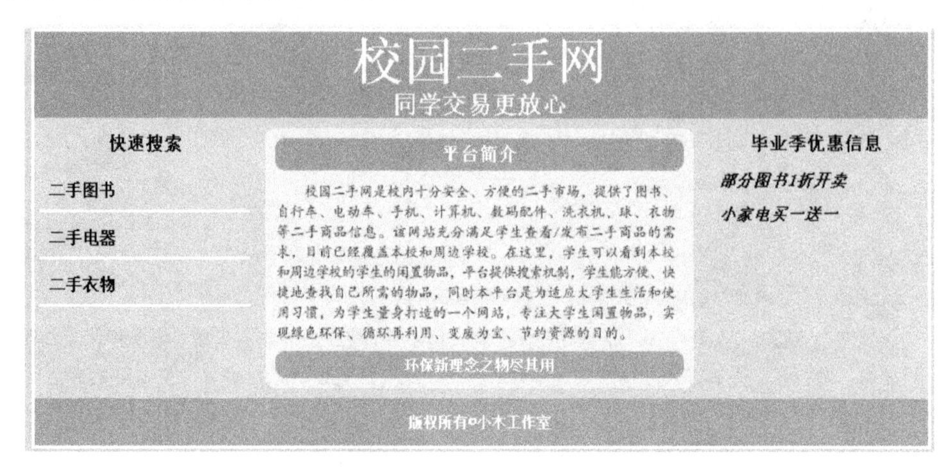

图 2-10　校园二手网主页效果

完整的页面代码如下。

```
<!DOCTYPE html>
<html lang="zh">
<head>
   <meta charset="UTF-8">
   <meta name="viewport" content="width=device-width, initial-scale=1.0">
   <meta http-equiv="X-UA-Compatible" content="ie=edge">
   <link rel="stylesheet" href="style1.css">
   <title>HTML5 结构</title>
</head>
<body>
   <header>
      <h1>校园二手网</h1>
      <h2>同学交易更放心</h2>
   </header>
   <div id="container">
      <nav>
         <h3>快速搜索</h3>
         <a href="#">二手图书</a>
         <a href="#">二手电器</a>
         <a href="#">二手衣物</a>
      </nav>
      <section>
         <article>
            <header>
               <h1>平台简介</h1>
```

```
            </header>
            <p style="text-indent:2em">校园二手网是校内十分安全、方便的二手市场，提供了图书、自行车、电动车、手机、计算机、数码配件、洗衣机、球、衣物等二手商品信息。该网站充分满足学生查看/发布二手商品的需求，目前已经覆盖本校和周边学校。在这里，学生可以看到本校和周边学校的学生的闲置物品，平台提供搜索机制，学生能方便、快捷地查找自己所需的物品，同时本平台是为适应大学生生活和使用习惯，为学生量身打造的一个网站，专注大学生闲置物品，实现绿色环保、循环再利用、变废为宝、节约资源的目的。</p>
            <footer>
                <h2>环保新理念之物尽其用</h2>
            </footer>
        </article>
    </section>
    <aside>
        <h3>毕业季优惠信息</h3>
            <p>部分图书 1 折开卖</p>
            <p>小家电买一送一</p>
    </aside>
    <footer>
        <h2>版权所有&copy;小木工作室</h2>
    </footer>
  </div>
</body>
</html>
```

其中，需要对各项内容设置样式，由于样式较多，因此可以将其放置在单独的样式表中，其操作方法如下。

（1）在 Dreamweaver 中选择“文件”→“新建”命令，设置“文档类型”为 CSS，单击“创建”按钮，即可建立一个 CSS 文档，将其命名为 style.css。

（2）在打开的 style.css 文档中，输入各个样式的内容，具体参见下方代码。

```
@charset "utf-8";
body { background-color: #CCCCCC; font-family:"宋体";    margin: 0px auto;
     max-width: 900px;border: solid;border-color: #FFFFFF;}
header { background-color: #ED7529;display: block;color: #FFFFFF;
text-align: center;}
header h2 { margin: 0px;    color: #FFFFFF;}
h1 { font-size: 50px;margin: 0px;}
h2 { font-size: 24px;    margin: 0px;    text-align: center;    color: #F47D31;}
h3 { font-size: 18px;    margin: 0px;    text-align: center;    color: #F47D31;}
nav { display: block;    width: 25%;    float: left;}
nav a:link,nav a:visited{ display: block;    border-bottom: 3px solid #fff;
```

```
    padding: 10px; text-decoration: none;   font-weight: bold;   margin: 5px;}
nav a:hover { color: white;   background-color: #F47D31;}
nav h3 { margin: 15px;   color: white;}
#container { background-color: #888;}
section { display: block;   width: 50%;   float: left;}
article { background-color: #eee;   display: block;   margin: 10px;   padding:
10px;
       border-radius: 10px;   }
article header {-webkit-border-radius: 10px;   -moz-border-radius: 10px;
             border-radius: 10px;   padding: 5px;}
article footer { -webkit-border-radius: 10px;   -moz-border-radius: 10px;
           border-radius: 10px;   padding: 5px;}
article h1 { font-size: 18px;}
aside { display: block;   width: 25%;   float: left;}
aside h3 {   margin: 15px;   color: black;}
aside p { margin: 15px;   font-weight: bold;   font-style: italic;}
footer { clear: both;   display: block;   background-color: #F47D31;
      color: #FFFFFF;   text-align: center;   padding: 15px;}
footer h2 { font-size: 14px;   color: white;}
a {color: #F47D31;}
a:hover {   text-decoration: underline;}
```

（3）在 index.html 文件的<head></head>区域内，加入对该样式表的导入代码：<link rel="stylesheet" href="style1.css">。

2.4 HTML5 功能元素

HTML5 新增了很多专用元素，使得页面设计更加灵活和简洁。

2.4.1 hgroup 元素

hgroup 元素用于将多个标题组成一个标题组，通常它与 h1～h6 元素结合使用。hgroup 元素一般放在 header 元素中。需要注意的是，<hgroup>标签只是对标题进行组合，对标题的样式没有影响。具体代码如下。

```
<body>
   <header>
   <hgroup>
      <h1>唐代著名诗人</h1>
      <h2>李白</h2>
   </hgroup>
```

```
    <p>唐代，诗歌文化高度发展，诞生了多个诗人和五万余首诗歌。</p>
    </header>
</body>
```

页面效果如图 2-11 所示。

唐代著名诗人

李白

唐代，诗歌文化高度发展，诞生了多个诗人和五万余首诗歌。

图 2-11 hgroup 元素的应用

2.4.2 video 元素

video 是 HTML5 新增的元素，其作用是在 HTML 页面中嵌入视频。

以下 HTML 代码会显示一段嵌入网页的.ogg、.mp4 或.webm 格式的视频。

```
<video width="320" height="240" controls="controls">
    <source src="m1.mp4" type="video/mp4" />
    <source src="m1.ogg" type="video/ogg" />
    <source src="m1.webm" type="video/webm" />
</video>
```

<source>用于为媒介元素（比如 video 和 audio）定义资源出处，允许用户设置可替换的视频文件供浏览器选择。

也可以使用<embed>标签在 HTML 页面中嵌入多媒体元素。例如，执行下面的代码将在页面上播放 Flash 文件 m1.swf。

```
<embed src="m1.swf" height="200" width="200"/>
```

另外，还可以使用<object>标签在 HTML 页面中嵌入多媒体元素。具体代码如下。

```
<object data="movie.swf" height="200" width="200"/>
```

2.4.3 audio 元素

audio 元素用于定义声音，比如音乐或其他音频流。下面的代码实现了播放一段音乐，如果浏览器不支持 audio 元素，则会提示“您的浏览器不支持 audio 元素。”。

```
<audio src="someaudio.wav">您的浏览器不支持 audio 元素。</audio>
```

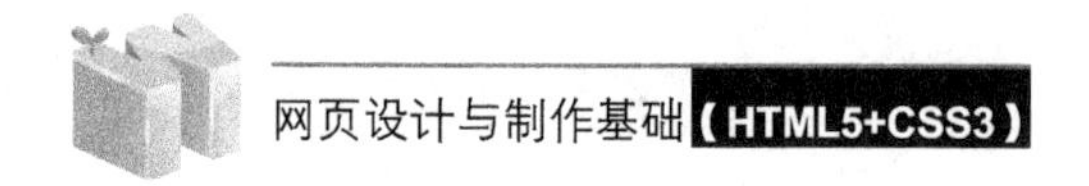

2.4.4 embed 元素

embed 元素用于插入各种多媒体文件，格式可以是.midi、.wav、.aiff、.au、.mp3 等。例如：

```
<embed src="run.wav" />
```

2.4.5 mark 元素

mark 元素主要用来在视觉上向用户呈现需要突出显示或高亮显示的字符。mark 元素的主要功能是在文本中高亮显示某些字符，以引起用户的注意。例如：

```
<body>
    <h3>优秀团队领导者的<mark>素质</mark></h3></br>
    一个优秀的团队领导者，必须具有<mark>过硬</mark>的技术与<mark>务实</mark>的专业精神。
</body>
```

在上述代码中，使用<mark>标签标记的字符，都会被高亮显示，如图 2-12 所示。

优秀团队领导者的素质

一个优秀的团队领导者，必须具有过硬的技术与务实的专业精神。

图 2-12 mark 元素的应用

2.4.6 time 元素

time 元素用于定义公历的时间（24 小时制）或日期，时间和时区偏移是可选的。

time 元素的属性有两个，分别是 pubdate 和 datetime。pubdate 属性用于指示 time 元素中的日期/时间是文档的发布日期，datetime 属性用于规定日期/时间。例如：

```
<p>我们在每天早上 <time>7:30</time> 开始晨读。</p>
<p>我在 <time datetime="2022-01-01">元旦</time> 有一天假期。</p>
```

time 元素在浏览器中没有特殊效果，但是该元素能够以机器可读的方式对日期/时间进行编码，因此可以进行如下设置，将排定的事件添加到用户日程表中，搜索引擎能够生成更智能的搜索结果。

2.4.7 dialog 元素

dialog 元素用于定义对话框或窗口。例如，<dialog open>对话框</dialog>。

open 属性用于控制元素的显示，如果不添加，则元素不会显示。它会绝对定位于页面中，层级在其他元素之上，并且居中显示，其宽高也会根据内容自适应。例如，运行下面的代码，显示的效果如图 2-13 所示。

```
<dialog open>
    <h2>欢迎光临！</h2>
</dialog>
```

图 2-13　dialog 元素的应用

2.4.8　bdi 元素

bdi 元素用于定义文本的方向，使其脱离周围文本的方向设置。其可用于阿拉伯语或希伯来语之类的语言，或者用于在浏览器中动态插入某些文本而又不知道文本方向的情况。

其中，可设置 dir 属性来确定文本方向，dir="rtl"表示从右到左，dir="ltr"表示从左到右，默认为从左到右。例如，在下面的例子中，第一个列表设置了从右到左的方向，显示的效果为“###”位于文本“美式咖啡”左边，第二个列表中的“奶茶”则正常显示，其效果如图 2-14 所示。

```
<ul>
    <li>品类<bdi dir="rtl">美式咖啡###</bdi>18 元</li>
    <li>品类<bdi>奶茶###</bdi> 15 元 </li>
</ul>
```

图 2-14　bdi 元素的应用

2.4.9　figcaption 元素

figcaption 元素用于定义 figure 元素的标题，figcaption 元素应该被置于 figure 元素的第一个或最后一个子元素的位置。例如，在下面的 HTML 代码中，为图片 zsd.jpg 设置了标题。

```
<figure>
    <figcaption>浙师大秋日美景</figcaption>
```

```
    <img src="zsd.jpg" width="350" height="234" />
</figure>
```

2.4.10 canvas 元素

canvas 元素用于在网页上绘制图形。canvas 元素本身没有行为，只提供一块画布，但它会把绘图的 API 展现给客户端 JavaScript，由 JavaScript 将图形绘制在画布中。下面的代码定义了一个 canvas 元素。

```
<canvas id="myCanvas" width="200" height="100"></canvas>
```

接下来使用 JavaScript 来绘制图形，代码如下。

```
<script type="text/javascript">
    var c=document.getElementById("myCanvas");
    var cxt=c.getContext("2d");
    cxt.fillStyle="#FF0000";
    cxt.fillRect(0,0,150,75);
</script>
```

在上面的代码中，首先使用变量 c 来获得前面定义的画布对象，getContext("2d")对象是内建的 HTML5 对象，拥有多种绘制路径、矩形、圆形、字符及添加图像的方法。然后设置画笔的颜色为红色。fillRect (0,0,150,75)表示从左上角(0,0)开始，在画布中绘制 150px×75px 的矩形，效果如图 2-15 所示。

图 2-15　在画布中绘制矩形的效果

canvas 元素不仅可以用于绘制图形，还可以将已有的图像载入画布中，具体代码如下，其效果如图 2-16 所示。

```
<img id="scream" width="224" height="114" src="flower1.png" alt="The Scream"/>
<p>canvas 展示</p>
<canvas id="myCanvas" width="200" height="100"></canvas>
<script>
    window.onload = function() {
    var canvas = document.getElementById("myCanvas");
    var ctx = canvas.getContext("2d");
    var img = document.getElementById("scream");
    ctx.drawImage(img, 10, 10);
```

```
  };
</script>
```

图 2-16 在画布中载入图像

2.4.11 progress 元素

progress 元素用于定义运行中的进度(进程),可以使用<progress>标签来显示 JavaScript 中耗费时间的函数的进度。

<progress>标签表示任务完成的进度，背景颜色为灰色，完成的部分被填充为蓝色（不同的浏览器显示效果不一样）。

例如，在以下代码中，value 值表示当前的进度为 25，总的大小为 100，即当前完成了 25%，效果如图 2-17 所示。

```
<p>下载进行中：</p>
<progress value="25" max="100">25%</progress>
```

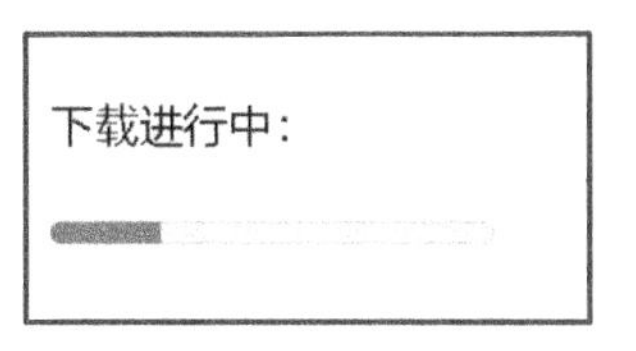

图 2-17 progress 元素的应用

2.5 小结

本章主要介绍了 HTML 的文档结构及 HTML 的主要标签，在此基础上，介绍了常用的 HTML5 语义元素和功能元素。

HTML 的基本结构包括<html>、<head>和<body>三大部分，<html>是文档的起始标签，标志着一个 HTML 文档的开始，<head>标签和<body>标签包含于<html>标签之内，<body>标签是 HTML 文档的核心部分，在浏览器中显示的任何信息都定义在此标签内。

使用 HTML5 的语义元素描述文档结构，使得 HTML 文档更加清晰，增加了 HTML 文档的可读性。

2.6 思考与练习

1. 思考题

（1）一个 HTML 文档的基本结构是什么？

（2）在网页的<head></head>区域中常用的标签有哪些，各有什么作用？

（3）在 HTML5 中用于描述文档结构的元素有哪些，各有什么作用？

2. 操作题

（1）设计个人简介主页，具体要求如下。

① 在网页标题栏中显示“个人简介”文本信息。

② 以标题 1 的形式显示“某某某的个人简介”文本信息。

③ 以列表的形式介绍个人基本情况，包括姓名、性别、专业、爱好。

④ 在个人基本情况后面插入图片，并设置图片的宽度。

⑤ 以段落文本的形式显示自我介绍信息。

要求效果如图 2-18 所示。

图 2-18　个人简介主页要求效果

（2）使用 HTML5 语义元素（header、section、article、footer 等），设计个人简历主页，

要求效果如图 2-19 所示。

王小鱼个人简历

基本信息

王小鱼，女，出生于1996.7，汉族，党员

教育工作经历

本科毕业于某某大学计算机专业。

在某某公司任职两年，担任Web前端开发工作。

技能特长

1. 掌握英语、德语两种外语
2. 掌握C++、Java 等多种语言，能熟练进行应用程序开发
3. 擅长Web前端开发，掌握VUE等框架应用

获奖荣誉

- 在校期间连续三年获得一等奖奖学金
- 获得省级优秀毕业生称号
- 获得校设计之星称号

图 2-19　个人简历主页要求效果

第3章 CSS3 样式设置

CSS（Hyper Text Markup Language，串联样式表）用于控制网页的外观。CSS 仍在不断更新和发展，当前最新的版本是 CSS3。

CSS 的定义和应用是网页设计中重要的组成部分。CSS 具有简单、灵活、易学、适用性广等特点，通过 CSS 可以统一控制 HTML 中各标签的显示属性，实现对网页布局、字体、字体颜色、背景颜色及各种图文效果的精确控制，同时实现网页样式和内容的分离，提高代码的可读性和设计者的工作效率。本章围绕 CSS 样式设置，具体讲述以下内容。

（1）CSS 概述。

（2）CSS3 样式的定义和使用。

（3）CSS3 常见属性及其取值。

3.1 CSS 概述

3.1.1 CSS 基本概念

在网页制作中，经常需要设置统一的格式，例如，为网站所有页面设置整体的风格、外观，网页内部段落、图片格式保持一致等。这些格式可以使用统一的规范定义，即使用 CSS 来实现。

CSS 用来控制一个网页文档中某个文本区域外观的一组格式属性。

CSS 样式一般存放于外部样式表或文档的<head></head>区域中。使用 CSS 样式不仅可以控制单个文档中多个范围文本的格式，而且可以控制多个文档中文本的格式。定义好的样式可以被反复使用；同样地，修改了某个 CSS 样式后，在网页中使用该样式的内容的样式将被全部修改。

3.1.2 CSS 样式基本组成

CSS 样式基本组成

CSS 样式由两部分组成：选择器和声明。选择器用于定义样式的类别，声明包含一条或多条用分号分隔的语句，用于定义具体的样式。

在下面的例子中，h1 是选择器，表示定义 HTML 的标签<h1>的样式，后面用{}包含的是声明，用于定义具体的样式，具体的样式包括字体大小（font-size）、字体类型（font-family）、字体颜色（color）和对齐方式（text-align）。

<h1>是 HTML 已有的标签，表示默认的标题 1 的样式，本例对<h1>标签进行重新定义。在本例中，h1 样式的定义放在当前页的<head></head>区域中，使用<style type="text/css"></style>引入。<style>规定了在浏览器中呈现 HTML 文档的方式，type="text/css"告诉浏览器这里面的文本内容（text）要当作串联样式表（CSS）来解析。具体代码如下。

```
<head>
   <style type="text/css">
     <!--
     h1 {
       font-size: 30px;
       font-family:"楷体";
       color:#F66F0F;
       text-align: center;
     }
     -->
   </style>
</head>
```

h1 样式被重新定义后，在文档中所有使用 h1（标题 1）样式定义的内容将根据新的样式显示。具体代码如下。

```
<body>
   <h1>姗姗的个人主页</h1>
</body>
```

图 3-1 和图 3-2 分别显示了网页在默认 h1 样式和修改 h1 样式后的不同效果。

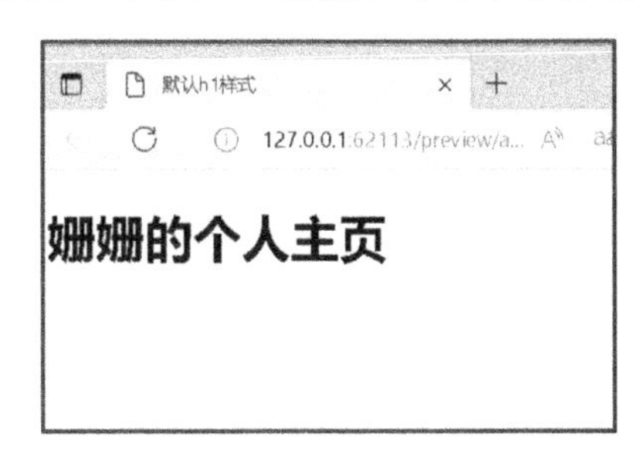

图 3-1 默认 h1 样式的效果

图 3-2 修改 h1 样式后的效果

如果不使用 h1 样式，那么也可以定义类.p1 来为“姗姗的个人主页”设置格式。具体方法为：在<head></head>区域中定义类的样式.p1（注意类前面使用下脚点来标记），在<body></body>区域中“姗姗的个人主页”前面，增加 class="p1"，表示使用.p1 样式来定义。具体代码如下。

```
<head>
    <meta charset="utf-8">
    <title>类的定义</title>
    <style type="text/css">
        .p1 {
            font-size: 30px;           /*设置字体大小为 30px*/
            font-family:"楷体";        /*设置字体为楷体*/
            color:#F66F0F;             /*设置字体颜色*/
            text-align: center;        /*设置对齐方式为居中*/
        }
    </style>
</head>
<body>
    <p class="p1">姗姗的个人主页</p>
</body>
```

3.2 CSS3 样式的定义和使用

3.2.1 CSS3 设计器

CSS 设计器是 Dreamweaver CC 提供的可视化创建、编辑 CSS 样式并进行查错的工具。“CSS 设计器”面板包含 4 个窗格，分别是“源”“@媒体”“选择器”“属性”，如图 3-3 所示。

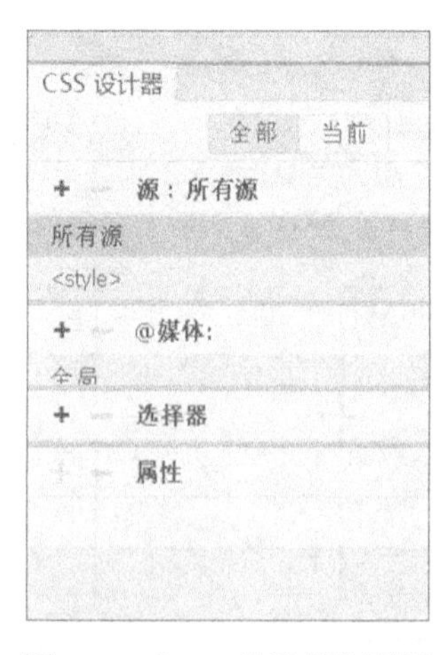

图 3-3 “CSS 设计器”面板

（1）“源”窗格：用于创建、附加、定义和删除内部和外部样式表。

（2）“@媒体”窗格：用于定义媒体查询，以支持多种类型的媒体和设备。

（3）“选择器”窗格：用于创建和编辑CSS规则，格式化页面上的组件和内容。选择器主要有类选择器、ID选择器和HTML标签选择器这3种基本类型，一旦创建了选择器或规则，就定义了希望在“属性”窗格中应用的格式化效果。

（4）“属性”窗格：显示所有可用的CSS属性，在“属性”窗格中可以设置具体的样式。

除了用于创建和编辑CSS样式，CSS设计器还可用于识别已经定义和应用的样式，以及查找与这些样式相冲突的问题。为此，把光标定位到任意元素中，“CSS设计器”面板内的窗格将显示应用于所选元素或者被其继承的所有相关的样式表、媒体、查询和规则，如图3-4所示。

图3-4 识别已定义的样式

“CSS设计器”面板属性具有两种基本显示模式，即完整模式和简洁模式。完整模式显示所有的属性，简洁模式只显示实际应用的属性。在默认情况下，“属性”窗格将在列表中显示所有可用的CSS属性，这些属性分为5类显示：布局、文本、边框、背景和更多。如图3-5所示，当前选中了样式表style1.css中的.photounit样式，显示模式为完整模式，即5类属性均显示。也可以勾选“属性”窗格右上角的“显示集”复选框，“属性”窗格将过滤掉没有设置具体内容的属性，只显示那些实际应用的属性，如图3-6所示。

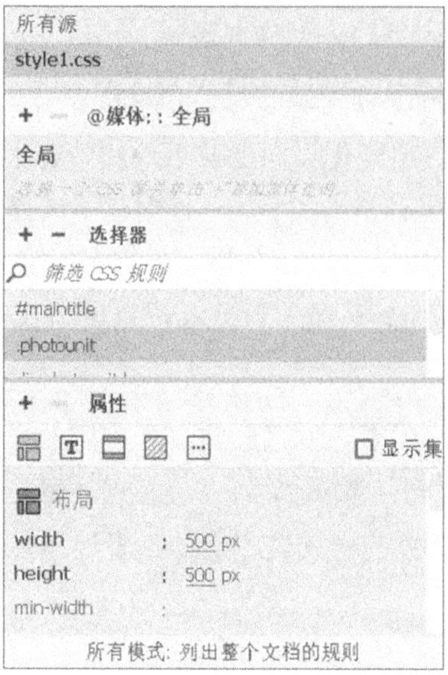

图 3-5　完整模式

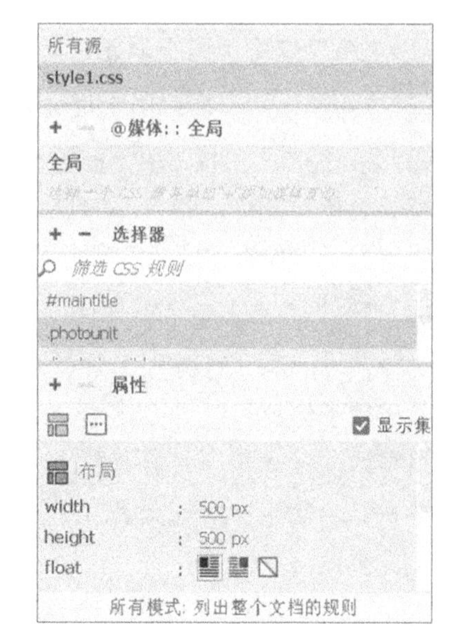

图 3-6　简洁模式

3.2.2　样式定义的基本选择器

样式定义的基本选择器包括类选择器、ID 选择器、HTML 标签选择器，其他选择器都是在这些选择器的基础上组合而成的。样式设置在网页制作中起着非常重要的作用，通过灵活应用选择器可以达到控制页面的效果。

样式定义的基本选择器

1. 类选择器

类选择器以下脚点（.）开头，后面是用户自定义的类名。类可应用于页面上的任何元素，通过定义类选择器可以实现为不同的元素设置相同的样式，也可以实现为相同的元素应用不同的类，从而达到不同的显示效果。需要注意的是，在定义类的名字时，需要遵循一定的命名规范：以字母开头，可包含字母、数字、下画线。例如，在下面的代码中，定义了.biaoti 类，在类中定义了字体为楷体，字号为 40px，对齐方式为居中，字体颜色为红色，字体加粗显示。

```
<!-- 定义类选择器 -->
.biaoti {
    font-family: "楷体";
    font-size: 40px;
    text-align: center;
    color: #ff0000;
    font-style: bold; /*设置字体为加粗*/
}
```

在定义了某个类后，页面中的任何一个元素都可以使用它，方法为在元素后面增加 class="类名"。例如，对某个段落文本“浙江师范大学”设置.biaoti 样式，只需在段落元素

p 后面增加 class="biaoti"，即可实现字体颜色为红色、字体为楷体并加粗、字号为 40px、居中的效果。完整代码为<p class="biaoti">浙江师范大学</p>。

在定义类选择器时，也可以使用“CSS 设计器”面板，具体方法如下。

（1）在 Dreamweaver CC 软件中，单击“窗口”菜单，在弹出的下拉菜单中勾选“CSS 设计器”复选框，则会显示“CSS 设计器”面板。在该面板中，可以选择样式的建立位置、样式的类型，以及设置具体的各个样式，如图 3-7 所示。

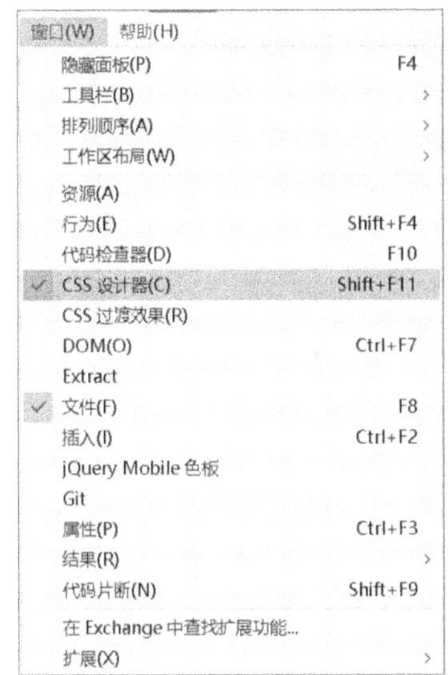

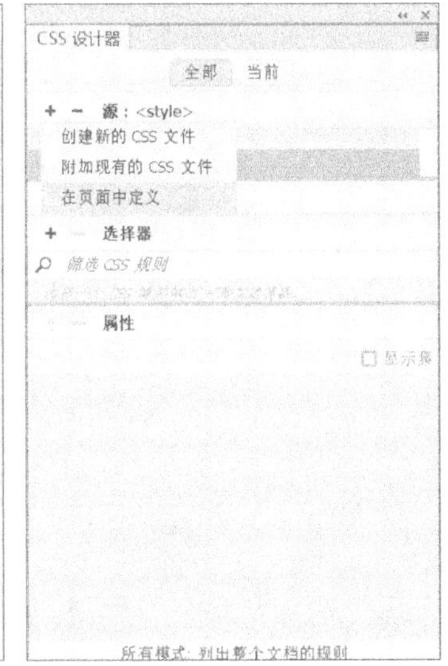

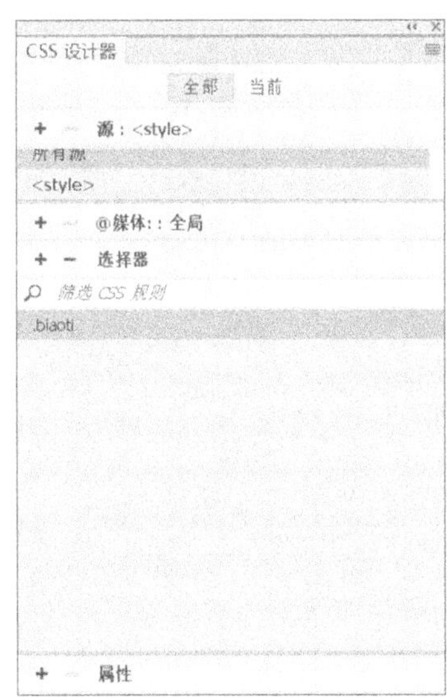

图 3-7 新建“.biaoti”样式

（2）在“CSS 设计器”面板中，单击“源”左边的“+”图标，弹出 3 个选项，分别是“创建新的 CSS 文件”“附加现有的 CSS 文件”“在页面中定义”。“创建新的 CSS 文件”选项表示建立的样式会单独放在一张样式表中；“附加现有的 CSS 文件”选项表示将已有的样式表附加进来，里面设置的样式可以直接使用；“在页面中定义”选项表示建立的样式直接放到页面的<head></head>区域中。在本例中，使用“在页面中定义”选项。

（3）单击“选择器”左边的“+”图标，在下方输入要建立的样式.biaoti，按 Enter 键即可建立一个自定义的.biaoti 样式。

（4）单击最下方的“属性”窗格，设置.biaoti 的具体样式。“属性”窗格分为“布局”“文本”“边框”“背景”“更多”5 类属性，用于分别设置相应的样式，如图 3-8～图 3-12 所示。

① 第 1 类为布局属性，用于设置宽度、高度、位置等信息。

② 第 2 类为文本属性，用于设置字体、字号、颜色、对齐方式等信息。

③ 第 3 类为边框属性，用于设置边框的粗细、颜色等。

④ 第 4 类为背景属性，用于设置背景颜色、背景图片及背景显示方式等信息。

⑤ 第 5 类为更多属性，用于添加新的属性。

图 3-8　布局属性

图 3-9　文本属性

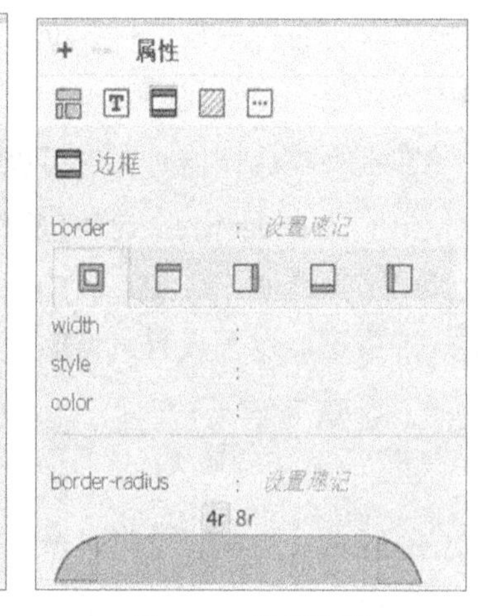

图 3-10　边框属性

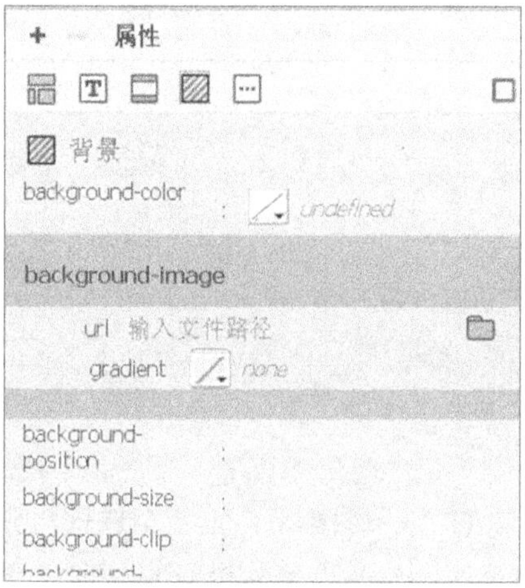

图 3-11　背景属性

图 3-12　更多属性

（5）在“属性”窗格中单击“文本”图标，设置文本属性。

在 color 右边设置颜色为红色（#FF0000），在 font-family 右边选择字体，将弹出已有字体列表，如果在字体列表中不存在想要设置的字体，则可以选择最下方的“管理字体”选项，在“管理字体”对话框中，选择“自定义字体堆栈”选项卡，在右下方“可用字体”列表框中选择需要添加的字体（如“楷体”），单击“添加”按钮，将“楷体”加入字体列表中，单击“完成”按钮返回“属性”窗格后即可使用该字体，text-align 用于设置文本的对齐方式，分为左对齐、居中、右对齐和两端对齐，这里选择“居中”对齐方式，图标为，如图 3-13 和图 3-14 所示。接下来在 font-weight 右边选择 bold 选项，即加粗，在 font-size 右边设置自定义大小，方法为先选择 px 选项，再设置具体的值为 40，如图 3-15 所示。

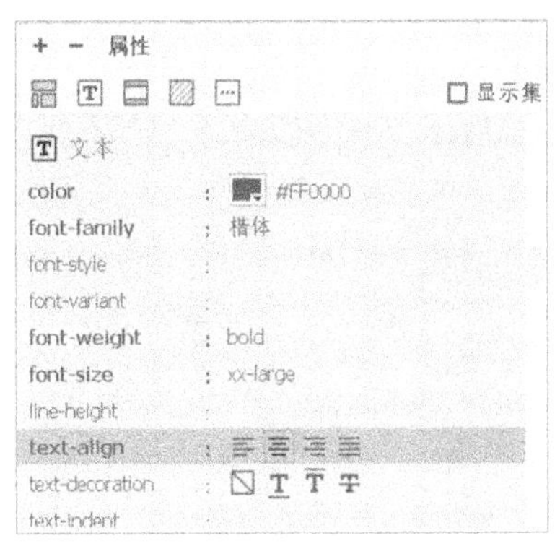

图 3-13　设置文本属性

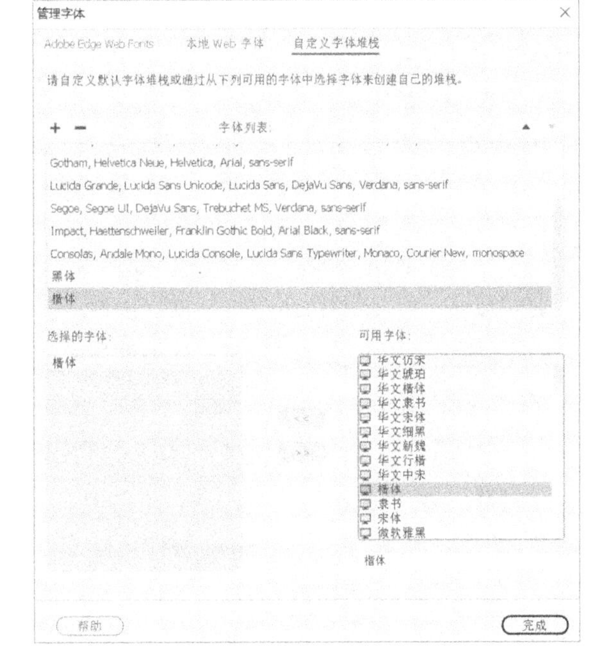

图 3-14　添加字体

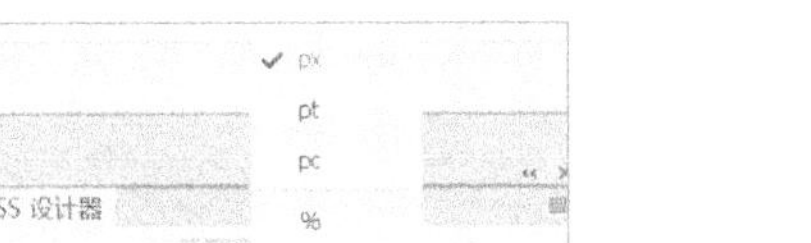

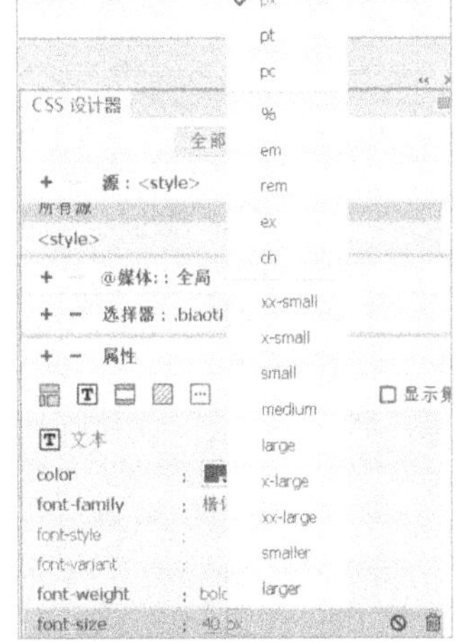

图 3-15　设置字体大小

（6）设置好.biaoti 样式后，在代码区内，将样式应用于段落文本，即<p class="biaoti">浙江师范大学</p> ，至此，样式设置完成。

2. ID 选择器

ID 选择器和类选择器的应用范围不同，ID 选择器一般只应用于一个元素的样式定义，而类选择器则可以应用于多个元素的样式定义。

ID 选择器以#开头，后面是自定义样式的名字。例如，在下面的代码中，定义了名为 duanluo 的 ID 选择器（#duanluo），字体为楷体，字号为 20px，对齐方式为居中。

```
<!-- 定义 ID 选择器 -->
#duanluo {
    font-family:"楷体";
    font-size: 20px;
    text-align: center;
}
```

在定义了 ID 选择器后，将其应用到某个元素的样式定义的方法为在元素后面增加id="ID 名"。例如，对某个段落文本“浙江师范大学”设置#duanluo 样式，只需在段落元素p 后面增加 id="duanluo"，即可实现字体为楷体、字号为 20px、居中的效果。完整代码为<p id="duanluo">浙江师范大学</p>。

在定义 ID 选择器时，也可以使用“CSS 设计器”面板，操作方法与定义类选择器的方法类似，只是在第（3）步时略有不同，因为要定义的是 ID 选择器，所以在命名时，要在名字前面加#（如#duanluo），按 Enter 键即可建立一个自定义的#duanluo 样式，还可以设置“文本”属性，如图 3-16 和图 3-17 所示。另外，在最后应用时，要使用 id="duanluo"。

图 3-16　定义#duanluo 样式

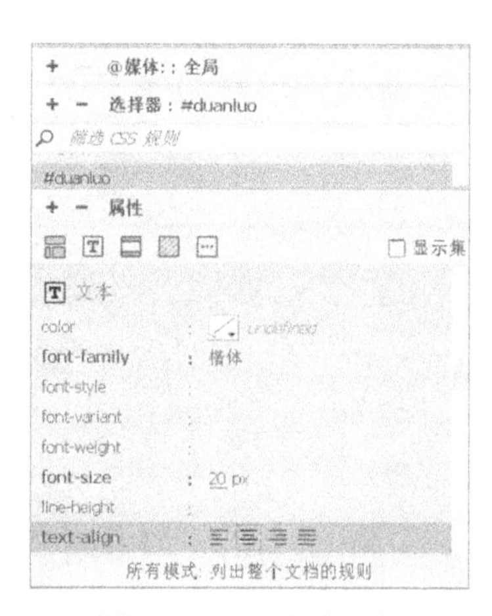

图 3-17　设置文本属性

3. HTML 标签选择器

我们知道，在网页中所有的内容都包含在 HTML 标签内，如果想要控制这些内容的显示效果，则可以直接定义其所在标签的样式。例如，下面的 h1 样式，h1 是小标题样式，如果重新设置了 h1 样式的颜色，那么所有使用该 h1 样式设置了格式的文本都会被立即更新。

```
<!-- 定义 HTML 标签选择器 -->
h1 {
    font-size: 30px;
    color: #0c3000;
    text-align: center;
}
```

在“CSS 设计器”面板中定义 HTML 标签选择器的方法和前面定义类选择器、ID 选择器的方法类似，只是在第（3）步时，直接输入定义的标签名称即可，如 h1，定义的标签样式 h1 和设置的“文本”属性如图 3-18 所示。

图 3-18　定义标签样式 h1 并设置“文本”属性

如图 3-19 所示，标题“健康饮茶小贴士”使用 h1 定义，3 个段落文本“上午饮花茶”“午后饮绿茶”“晚上不饮茶”使用相同的类选择器.p1 定义，最后一行文本“*每日分享饮茶的小知识，敬请关注*”使用 ID 选择器#d1 定义。

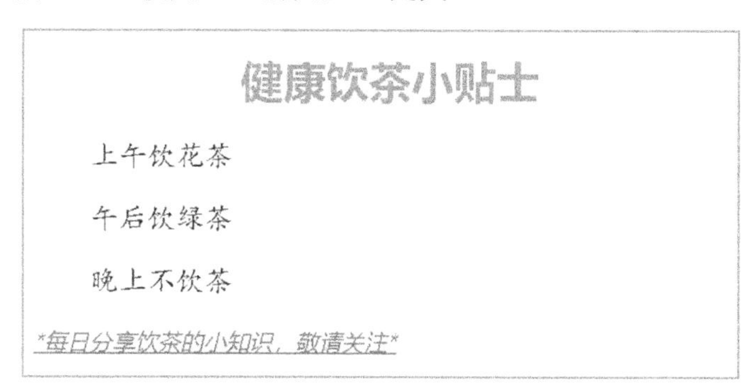

图 3-19　样式应用举例

完整代码如下。

```
<!doctype html>
<html>
<head>
    <meta charset="utf-8">
    <title>茶文化</title>
    <style type="text/css">
        h1 {font-size: 30px;
            color:#F66F0F;
```

```
            text-align: center;
        }
        .p1 {
            font-family:"楷体";
            font-size: 20px;
            text-indent:2em;

        }
        #d1{
           text-decoration:underline;
           font-style: italic;
           color:#158C6F;
        }
    </style>
</head>
<body>
    <h1>健康饮茶小贴士</h1>
    <p class="p1">上午饮花茶</p>
    <p class="p1">午后饮绿茶</p>
    <p class="p1">晚上不饮茶</p>
    <p id="d1">*每日分享饮茶的小知识，敬请关注*</p>
</body>
</html>
```

图 3-20 所示为初始表格效果，如果要设置成如图 3-21 所示的单元格效果，只需重新定义表格 table 的样式和单元格 td 的样式即可。

姓名	学号
王小五	20220111
李梅	20220112

图 3-20　初始表格效果

姓名	学号
王小五	20220111
李梅	20220112

图 3-21　单元格效果

操作步骤如下。

（1）在“CSS 设计器”面板中，单击“选择器”左边的“+”图标，输入 table，设置 table 样式，单击“边框”属性图标，设置样式为 none，如图 3-22 所示。

表格样式定义

（2）在“CSS 设计器”面板中，单击“选择器”左边的“+”图标，输入 td，设置 td 样式，单击“边框”属性，设置宽度为 1px，样式为实心（solid），边框颜色为#F3C4C5，如图 3-23 所示。接下来单击“文本”属性图标，设置文本对齐方式（text-align）为居中（center）。

（3）单击“背景”属性图标，设置背景颜色为#BEEEF4，如图 3-24 所示。

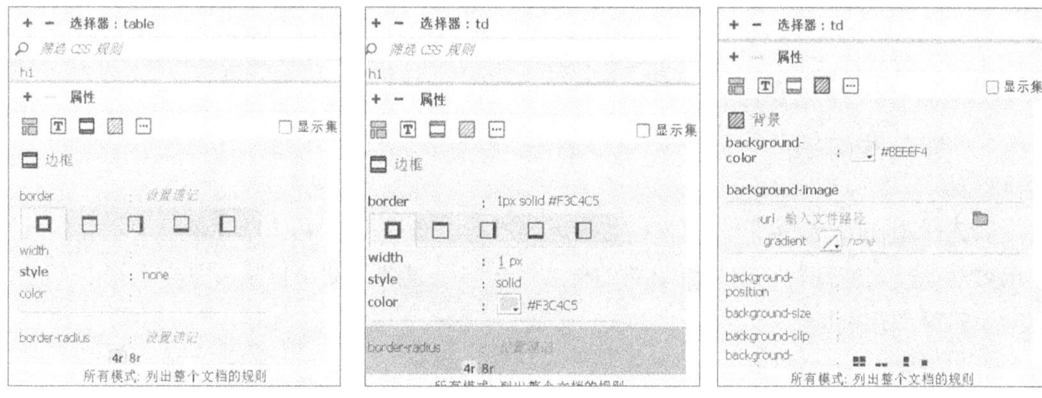

图 3-22 table 边框设置　　图 3-23 td 边框设置　　图 3-24 td 背景颜色设置

其相应代码如下。

```
td {
   border: 1px solid #F3C4C5;
   background-color: #BEEEF4;
   text-align:center;
}
table {
   border-width: 0px;
   border-style: none;
}
```

在定义网页样式时，可以使用 HTML 标签选择器对常用元素的基本样式进行统一，对于网页结构问题，可以使用 ID 选择器进行定义，对于重复出现的样式，可以使用类选择器进行提炼。

3.2.3 通配符选择器

如果要定义 HTML 页面中所有元素的样式，则可以使用通配符选择器，通配符用“*”来表示。

例如，要设置所有元素的外边距 margin 和内边距 padding 都为 0，具体代码如下。

```
*{margin:0px;padding:0px;}
```

需要注意的是，由于*会匹配所有元素，因此会影响网页渲染的时间。

3.2.4 选择器分组

如果要对多个选择器定义相同的样式，则可以先将多个选择器用逗号隔开，再定义样式。例如，在下面的样式定义中：

```
.biaoti,h1,p{color:red;font-size:30px}
```

为.biaoti、h1 和 p 选择器设置相同的样式，即字体大小为 30px，颜色为红色。选择器分组的写法可以简化代码，提高代码可读性。

3.2.5 复合选择器

类选择器、ID 选择器和 HTML 标签选择器是 CSS 的三大基本选择器，使用它们可以实现对网页样式的控制。如果要设置的样式比较多且复杂，则可以使用复合选择器来进行进一步的定义。

常用的复合选择器包括层次选择器、伪类选择器等。

1. 层次选择器

层次选择器也称为关系选择器，它是通过 HTML 文档中各个元素之间的层次关系来定义样式的。常用的层次选择器是包含（后代）选择器，用于定义包含在某个元素内的后代元素的样式。其定义方法为将两个或两个以上的选择器用空格分开，位置排在前面的是祖先元素，位置靠后的是后代元素。例如，下面的代码设置了包含在 p 元素里面的 strong 元素的样式，即倾斜字体，字体颜色为红色。

```
p strong{
   font-style: italic;
   color: #F00;
}
```

下面的例子设置了 strong 和 p strong 的样式，根据定义，“浙江”显示为倾斜且颜色为红色，“杭州”的颜色为蓝色，“浙江大学”的颜色为默认的黑色，如图 3-25 所示。

```
<!doctype html>
<html>
<head>
   <meta charset="utf-8">
   <title>无标题文档</title>
   <style type="text/css">
      strong{ color:blue;}
      p{text-indent:2em;}
      p strong{
      font-style: italic;
      color: #F00;
      }
   </style>
</head>
<body>
```

```
    <p><strong>浙江</strong></p>
    <strong>杭州</strong>
    <p>浙江大学</p1>
</body>
</html>
```

浙江

杭州

浙江大学

图 3-25 效果显示

下面的例子定义了网页中两个区域的文本，其中<div></div>是用于放置内容的区域，具体代码如下。

```
<div id="header">
    <p>序一</p>
    <p>序二</p>
    <p>序三</p>
</div>
<div id="main">
    <p>第一章</p>
    <p>第二章</p>
    <p>第三章</p>
</div>
```

如果要设置网页第一部分区域的字体颜色为黑色，第二部分区域的字体颜色为灰色且倾斜，则可以使用层次选择器快速定义它们的样式，具体代码如下。

```
p{text-indent:2em;}
#header p{color:black}
#main p{color: darkgray;font-style: italic;}
```

设置的效果如图 3-26 所示。

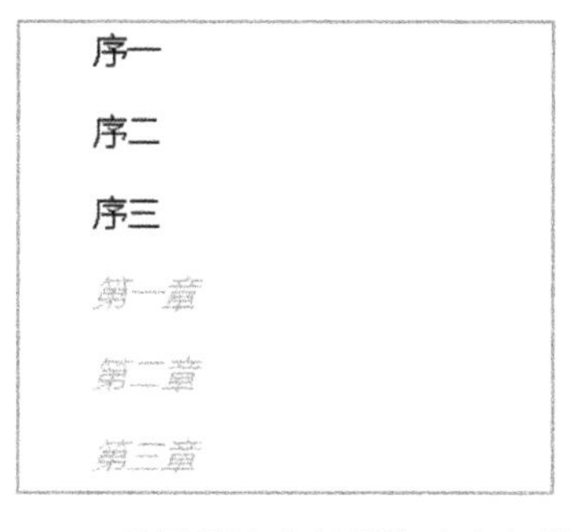

图 3-26 使用层次选择器快速定义样式

2. 伪类选择器

伪类选择器是一类特殊的选择器，它定义了一些特殊区域或特殊状态下的样式，这些特殊区域或特殊状态是无法通过类选择器、ID 选择器或 HTML 标签选择器来精确定义的。在网页中最常见的是超链接的状态定义。

在网页中，可以设置超链接的 4 种不同显示状态，包括正常超链接状态、被访问过的超链接状态、鼠标指针经过时的超链接状态、超链接被激活时的状态。这些设置可以使用伪类选择器来实现。例如，设置正常状态下超链接的颜色为红色，可以使用伪类选择器定义，定义方法为 a:link{color: #ff0000}。下面的例子定义了网页超链接的 4 种显示状态。

```
<style type="text/css">
   a:link{color: #ff0000}          /*正常超链接状态*/
   a:visited{color: #00ff00}       /*被访问过的超链接状态*/
   a:hover{color: #0000ff}         /*鼠标指针经过时的超链接状态*/
   a:active{ff00ff}                /*超链接被激活时的状态*/
</style>
```

超链接的这 4 种显示状态，也可以应用到其他元素上，例如，定义一个<div></div>区域的鼠标指针经过状态，则可以在<style>样式中添加如下定义。

```
div:hover{color: #0000ff}
```

在如下代码中，在<body></body>的<div></div>区域中“点击”二字就能在鼠标指针经过时，显示为蓝色。而下方的“电子工业出版社”几个字，由于设置了超链接 a 的 4 种样式，因此能显示出不同状态下的效果。

```
<body>
   <div>点击</div>
   <a href="https://www.phei.com.cn/">电子工业出版社</a>
</body>
```

3.2.6 外部样式表的定义和使用

外部样式表的定义和使用

在 3.2.2 节中，样式的定义直接存放在某个网页文档的<head></head>区域中，这些样式仅供该网页使用。如果要定义统一的样式，提供给多个页面使用，则可以把这些样式保存在一个单独的样式表文件中，如 style1.css，任何一个页面需要用到这些样式，只需在<head></head>区域中添加<link rel="stylesheet" href="style2.css">，即可导入样式。

具体操作步骤如下。

（1）首先选择“文件”→“新建”命令，在弹出的“新建文档”对话框中选择文档类型为 CSS，创建一个 CSS 文档，命名为 style2.css 并保存。然后设置样式表文件 style2.css 的具体内容，例如，在 body{}中设置一个统一的背景图片 background-image，使用 h1 设置标题文字的样式，具体如图 3-27 所示。

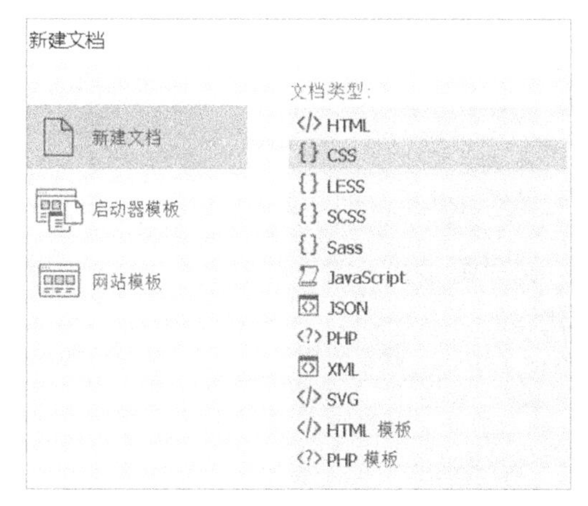


```
style2.css ×
1  @charset "utf-8";
2  /* CSS Document */
3  h1 {
4      font-size: 30px;
5      color:#F66F0F;
6      text-align: center;
7      }
8  body{
9      background-image: url("images/bg.jpg");
10 }
11
```

图 3-27　样式表的建立

（2）新建两个 HTML 文档 Green tea.html 和 Scented tea.html，并在<head></head>区域中插入<link rel="stylesheet" href="style2.css"></link>。导入外部样式表文件 style2.css 后，这两个页面具有统一的排版风格：两个页面都使用 h1 来设置标题文字“绿茶文化”和“花茶文化”，由于在外部样式表文件中设置了 body 中的背景图片，因此这两个页面使用相同的背景图片，如图 3-28 所示。

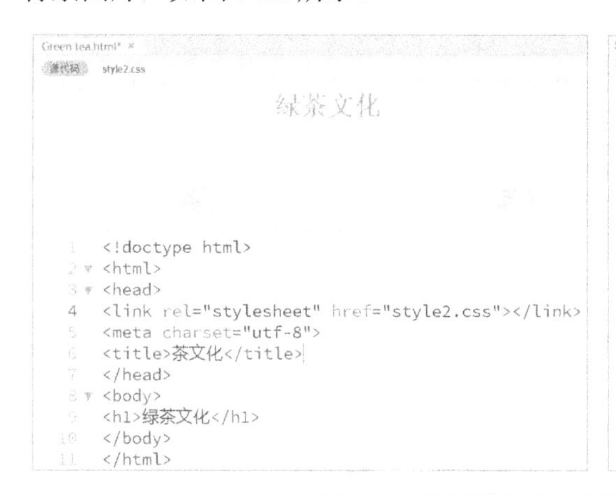


```
Scented tea.html* ×
源代码  style2.css
花茶文化
1  <!doctype html>
2  <html>
3  <head>
4  <link rel="stylesheet" href="style2.css"></link>
5  <meta charset="utf-8">
6  <title>茶文化</title>
7  </head>
8  <body>
9  <h1>花茶文化</h1>
10 </body>
11 </html>
```

图 3-28　使用样式表文件设置页面统一的排版风格

3.2.7　CSS3 样式优先级

CSS3 样式优先级，主要遵循下面两个原则。

（1）行内样式优先于内部样式表，内部样式表优先于外部样式表。行内样式是指直接在当前标签里面定义的样式，如<p style="font-size: 16px">，内部样式表是指在文档的<head></head>区域中定义的样式。

例如，在下面的网页中，对元素 p 的样式定义有 3 处。第 1 处是在外部样式表 style3.css

文件中定义 p 的样式，即字号为 40px，并把外部样式表文件导入文档中：<link href="style3.css" rel="stylesheet" type="text/css"/>。

```
@charset "utf-8";
p {
    font-size: 40px;
}
```

第 2 处是在内部样式表中定义 p 的样式，第 3 处是直接在 p 的行内定义 p 的样式，根据样式的优先级可知，p 的字号应为 16px。具体代码如下。

```
<!doctype html>
<html>
<head>
    <!--导入外部样式表文件 style3.css-->
    <link href="style3.css" rel="stylesheet" type="text/css"/>
    <style>
        p{font-size:30px;}
    </style>
    <meta charset="utf-8">
    <title>样式表优先级</title>
</head>
<body>
    <!--直接在 p 的行内定义样式-->
    <p style="font-size: 16px">段落文本内容</p>
</body>
</html>
```

（2）就近原则。

靠近元素的样式具有最高优先级。当多种不同的样式规则应用在同一个元素上时，靠近元素的样式具有最高优先级。例如，下面设置了 p 和 h1 的样式，p 设置为字体颜色为红色，h1 设置为字体颜色为蓝色，根据就近原则，“我的主页”显示为蓝色。

```
p{color:red;}
h1{color: blue}
<p><h1>我的主页</h1></p>
```

3.3 CSS3 常见属性及其取值

CSS3 属性主要包括文本属性、边框属性和布局属性。

3.3.1 文本属性

文本属性主要包括字体的定义、字体的特殊效果、段落的格式设置及列表的设置等。表 3-1 中列出了常用的文本属性及其取值或单位。

表 3-1 常用的文本属性及其取值或单位

名称	说明	取值或单位
color	字体颜色	颜色名称为 red、green 等，十六进制表示为#ff00ff
font-family	字体	各种字体，如“楷体”等
font-style	字体风格	normal（标准），italic（倾斜）
font-varient	字体变形	normal（标准），small-caps（将小写字母显示为大写字母）
font-weight	字体加粗	normal（标准），bold（加粗）
font-size	字体大小	单位为 px、em、%
line-height	行高	单位为%、px，取值为数字
text-align	文本对齐	center（居中），left（左对齐），right（右对齐）
text-decoration	文本修饰	none（去掉下画线），underline（加下画线），overline（加上画线），line-through（加删除线）
text-indent	段落缩进	单位为+-em
text-shadow	文字阴影	h-shadow（水平阴影），v-shadow（垂直阴影），blur（阴影模糊的距离），color（阴影颜色）
text-transform	文字转换	none（无），capitalize（首字母大写），uppercase（大写字母），lowercase（小写字母）
letter-spacing	字符间距	单位为 px，允许负值
word-spacing	单词间距	单位为 px，允许负值
white-space	空白符处理	norma（正常换行），nowrap（不换行），pre（保留空白符），pre-wrap（保留空白符，正常换行），pre-line（合并空白符序列，但是保留换行符）
vertical-aligh	垂直对齐	baseline（基线对齐），text-top（与父元素顶部对齐），top（顶部对齐），middle（中部对齐），bottom（底部对齐）
list-style-position	列表项目标记位置	inside（放在文本项目内），outside（放在文本项目外）
list-style-image	列表项目图片	url
list-style-type	列表项目符号	disc（实心圆形，默认），square（实心正方形），circle（空心圆），decimal（阿拉伯数字），lower-alpha（小写字母），upper-alpha（大写字母），lower-roman （小写罗马数字），upper-roman（大写罗马数字）

3.3.2 边框属性

边框属性主要包括边框宽度 border-width、边框样式 border-style 和边框颜色 border-color，这些属性又可以按照上、下、左、右 4 个方位包含更多属性，具体描述如表 3-2 所示。

表 3-2　边框属性及其取值或单位

名称	说明	取值或单位
border-width	边框宽度	单位为 px、pt、%、em 等
border-style	边框样式：可分别设置上、下、左、右 4 个边框	dotted（点状），solid（实线），double（双线），dashed（虚线）
border-color	边框颜色	颜色名称为 red、green 等，十六进制表示为#ff00ff
border-radius	圆角边框	单位为 px、%、em
border-collapse	合并边框	collapse（合并），separate（分开）
border-spacing	边框间距（仅用于“边框分离”模式）	水平间距 px，垂直间距 px

3.3.3　布局属性

布局属性主要包含元素的宽度（width）、高度（height）、定位（position），各个方位偏移（left、right、top、bottom），浮动和清除（float、clear），以及显示方式（display）等一系列内容，主要用于对元素的定位和布局，具体描述如表 3-3 所示。

表 3-3　布局属性及其取值或单位

名称	说明	取值或单位
width	宽度	单位为 px、pt、%、em 等
height	高度	单位为 px、pt、%、em 等
min-width	最小宽度	单位为 px、pt、%、em 等
max-width	最大宽度	单位为 px、pt、%、em 等
min-height	最小高度	单位为 px、pt、%、em 等
max-height	最大高度	单位为 px、pt、%、em 等
display	显示类型	block（块级元素），inline（行内元素），none（隐藏）
position	定位	static（默认值），relative（相对定位），absolute（绝对定位），fixed 生成固定定位的元素，相对于浏览器窗口进行定位）
margin	盒子模型外边距	margin-top（上边距），margin-bottom（下边距），margin-left（左边距），margin-right（右边距）
padding	盒子模型内边距	padding-top，padding-bottom，padding-left，padding-right
float	浮动	left（向左边浮动），right（向右边浮动），none（无）
clear	左右不允许有浮动元素	left（左边不允许有浮动元素），right（右边不允许有浮动元素），none（无）
overflow-x	横向内容溢出	visible（溢出内容可见），hidden（溢出内容隐藏），scroll（显示滚动条）
overflow-y	纵向内容溢出	visible（溢出内容可见），hidden（溢出内容隐藏），scroll（显示滚动条）
visibility	元素是否可见	visible（可见），hidden（隐藏），inherit（继承）
z-index	设置元素层叠顺序，数字越大，显示越靠上	数字 1，2，3 等
opacity	不透明度	0.0（完全透明）～1.0（不透明）

3.4 小结

本章详细介绍了 CSS3 基本选择器的定义和复合选择器的使用方法，以及 CSS3 样式优先级。在本章最后，介绍了 CSS3 常见的各类属性及其取值。

CSS 用于定义如何显示 HTML 元素，以控制网页的外观。通过使用 CSS 可以实现网页内容和样式的完全分离，极大地提高工作效率。

3.5 思考与练习

1. 思考题

（1）CSS3 基本选择器有哪几种？

（2）判断 CSS3 样式优先级的两个原则是什么？

（3）简述建立一个外部样式表文件，并应用样式的过程。

（4）CSS3 颜色表示方法有哪几种？

2. 操作题

（1）唐诗堪称中国古代文学皇冠上璀璨的明珠，在唐代涌现出了一大批杰出的诗人，他们用自己手中的笔，写下了一首首流芳千古的诗篇。下面分别使用标题样式 h1、h2、h3，设计页面“唐代不同时期诗人介绍”，如图 3-29 所示，具体要求如下。

① 大标题使用 h1 样式，“初唐”“盛唐”“中唐”“晚唐”使用 h2 样式，诗人名字使用 h3 样式。

② 修改 h2 样式，设置字体为“幼圆”，颜色为#4a5a6a。

③ 修改 h3 样式，设置字体为“楷体”，字号为 16px。

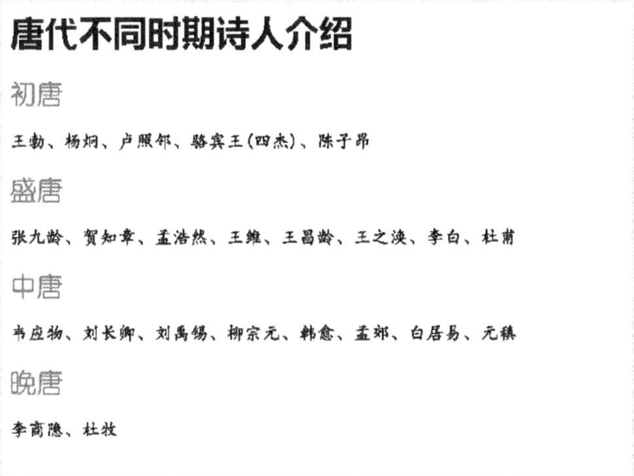

图 3-29 “唐代不同时期诗人介绍”页面

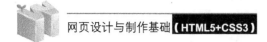

（2）图灵奖，全称 A.M.图灵奖，是计算机领域的国际最高奖项，专门奖励那些为计算机领域做出重要贡献的个人或团队。每一位图灵奖的获得者都是非常伟大的，他们的努力和坚持不懈的付出，是推动人类社会不断进步的力量。下面请实现如图 3-30 所示的“不同时期图灵奖人物精选”页面，具体要求如下。

定义标题样式和文本样式，并使用如下两种方式实现样式定义。

① 将样式定义在本页面中。

② 建立一个外部样式表文件，并将外部样式表文件应用到该页面中。

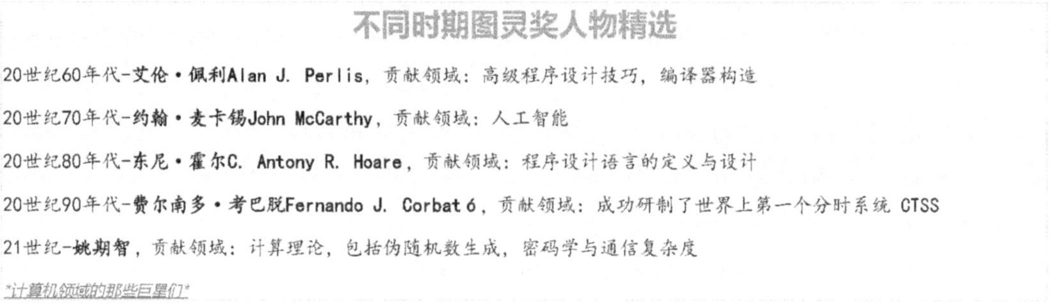

不同时期图灵奖人物精选

20世纪60年代-**艾伦·佩利Alan J. Perlis**，贡献领域：高级程序设计技巧，编译器构造

20世纪70年代-**约翰·麦卡锡John McCarthy**，贡献领域：人工智能

20世纪80年代-**东尼·霍尔C. Antony R. Hoare**，贡献领域：程序设计语言的定义与设计

20世纪90年代-**费尔南多·考巴脱Fernando J. Corbat 6**，贡献领域：成功研制了世界上第一个分时系统 CTSS

21世纪-**姚期智**，贡献领域：计算理论，包括伪随机数生成，密码学与通信复杂度

计算机领域的那些巨星们

图 3-30 “不同时期图灵奖人物精选”页面

第 4 章

基本页面排版

在 Web 页面中，文本和图片是网页信息传递的主要载体，是网页内容基本的组成部分。对网页文本和图片进行样式设置主要包括设置文本的字体、字号、颜色、样式、粗细、间距及一些高级属性，以及设置图片的样式和背景图片等。这些内容是页面排版的基础，也是需要读者重点掌握的内容。

本章围绕基本页面排版，主要讲述以下内容。

（1）长度单位与特殊符号。

（2）文本标签。

（3）图片使用。

（4）背景设置。

（5）页面设计实例。

4.1 长度单位与特殊符号

4.1.1 长度单位

在 CSS 的文字、排版、边距等设置上，通常会涉及属性值的单位。常见的单位有 px、em、%等。这些单位主要分为两类：第一类是绝对单位，第二类是相对单位。

1. 绝对单位

绝对单位是一个固定的值，反映了一个真实的物理尺寸。它不会受屏幕大小或者字体的影响。绝对单位主要包含以下 5 个。

（1）in（英寸）：使用最广泛的长度单位（1in=2.54cm）。

（2）cm（厘米）。

（3）mm（毫米）。

（4）pt（点）：1pt=1/72in。

（5）px（像素）：1px=1/96in。

2. 相对单位

相对单位与绝对单位相比，显示大小是不固定的，它所设置的对象会受屏幕分辨率、可视区域、浏览器设置等相关因素的影响。常见的相对单位包含以下几个。

（1）em。em 是一个相对长度单位，现在用于表示字符宽度的倍数，如 0.8em、1.2em、2em 等。通常 1em=16px，即默认浏览器的字体大小为 16px，那么 12px=0.75em，10px=0.625em，为了换算方便，有时候会在<body></body>区域中统一设置 body{fontsize=62.5%}，也就是定义了默认字体大小为 16px*0.625=10px，那么 1em=10px，要设置字体大小为 20px，可以用 2em 表示，12px 的大小，就是 1.2em。一般地，em 单位是指相对于父元素的字体大小。

例如，在下面的例子中（见图 4-1），设置 body 的字体大小为 62.5%，即 10px，设置 p 的字体大小为 1.5em，设置 span 的字体大小为 2em，其中，p 和 span 都是相对字体大小，相对于它们的父元素。

先看“引言”这两个字，它们位于<p>标签内，该<p>标签的父元素是 body，因此“引言”这两个字的大小为 1.5em=1.5*10px=15px。“写在开头”这几个字位于<span>标签内，而<span>标签的父元素是 p，因此这几个字的大小为 2em=2*15px=30px，其中，15px 是 p 元素的字体大小。而“正文开始”这几个字位于<span>标签内，其父元素是 body，因此字体大小为 2em=2*10px=20px。具体代码如下。

```
<!doctype html>
<html>
<head>
    <meta charset="utf-8">
    <title>无标题文档</title>
    <style>
        body{ font-size: 62.5%;    }
        p{font-size: 1.5em;text-indent:2em;}
        span{font-size: 2em}
    </style>
</head>
<body>
    <p>引言<span>写在开头</span></p>
    <span>正文开始</span>
```

```
</body>
</html>
```

引言写在开头

正文开始

图 4-1　em 相对长度单位

（2）rem。rem 相对于根元素取值。例如，在根元素中，设置 font-size=10px，那么 1rem=10px，这样只需修改根元素的字体大小就可以成比例地调整所有元素的字体大小。例如，在下面的代码中，设置了根元素 html 的字体大小为 10px，body、p 都是相对于根元素设置的，因此 body 的字体大小为 12px，p 的字体大小为 14px。

```
html{font-size:10px }
body{font-size:1.2rem ; }
p{font-size:1.4rem;}
```

下面的例子在根元素 html 中设置了字体大小为 20px，在子元素中分别使用了 em 和 rem 单位。根据定义，所有使用 rem 单位的元素都是相对于根元素的，即都是以 20px 为基础的，因此可知 body 里面的字体大小为 1.4rem=1.4*20px=28px。div 设置了字体大小为 1em，em 相对的是其父元素 body 的大小，所以 1em=28px。虽然 span 位于 div 内部，但其设置的是 1rem，rem 是相对于根元素的，因此，span 设置的字体大小为 1rem=20px。

```
<!doctype html>
<html>
<head>
    <meta charset="utf-8">
    <title>无标题文档</title>
  <style>
      html{ font-size: 20px; }
      body{ font-size: 1.4rem;  /* 1.4rem = 28px */
      padding: 0.7rem; /* 0.7rem = 14px */  }
      div{ font-size: 1em;      /* 1em = 28px */  }
      span{ font-size:1rem;  /* 1rem = 20px */ }
      padding: 0.9rem;  /* 0.9rem = 18px */  }
  </style>
</head>
<body>
      个人主页制作
      <div>个人<span>简介</span></div>
</body>
```

```
</html>
```

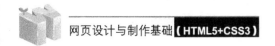

网页显示效果如图 4-2 所示。

个人主页制作
个人简介

图 4-2　em 和 rem 效果

（3）%。%一般参考父元素的取值。例如，设置父元素的宽度为 400px，子元素的宽度为 50%，那么子元素的宽度为 200px。

4.1.2　特殊符号的插入

在处理网页文本时经常会输入一些特殊符号，这些特殊符号主要包括以下几种。

（1）空格（ ）。在通常情况下，HTML 会自动删除文本中多余的空格。如果要在文本中插入空格，则可以使用“ ”。

（2）换行（</br>）。在网页中，如果需要换行，则可以输入“</br>”。

（3）版权标记©（©）。

（4）大于号（>）和小于号（<）。

（5）已注册®（®）。

例如，下面的 HTML 代码显示了版权信息。

```
<h6>版权所有&copy;计算机专业 all right reserved.</h6>
```

参考效果如图 4-3 所示。

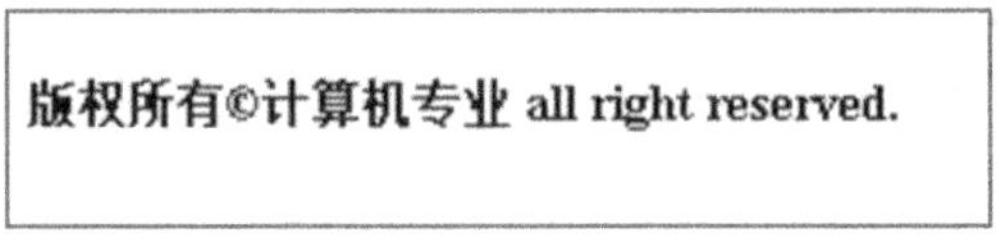

版权所有©计算机专业 all right reserved.

图 4-3　特殊符号效果

4.2　文本标签

文本是网页信息传递的主要载体，常用的文本标签包括标题、段落、引用、强调等。

4.2.1　标题

网页中用于设置标题的标签是<h1>、<h2>、<h3>、<h4>、<h5>、h6>。<h1>为标题 1 标签，字号最大，<h6>为标题 6（级别最小）标签，字号最小。从<h1>到<h6>，级别是按照从大到小的顺序排列的。

下面的例子实现了“古诗词欣赏”页面，其中有著名唐诗《登鹳雀楼》，体现了作者积极探索和无限进取的人生态度，也给予后人自强不息、勇攀高峰的鼓励，还有一首王维的《鹿柴》。为了将两首诗以更好的形式在网页中体现出来，我们使用<h1>、<h2>、<h3>标签设计网页内容的层次结构：使用<h1>标签定义网站标题，使用<h2>标签定义文章标题，使用<h3>标签定义栏目标题，两个栏目使用语义标签<section>来定义，完整代码如下。

使用标题样式设置文档结构

```
<!doctype html>
<html>
<head>
    <meta charset="utf-8">
    <title>古诗词欣赏</title>
    <link href="style4.css" type="text/css" rel="stylesheet" />
</head>
<body>
    <div id="all">
        <h1>古诗词欣赏</h1>
        <h2>唐诗专题</h2>
        <section>
            <h3>《登鹳雀楼》作者：王之涣</h3>
            <p>白日依山尽，黄河入海流。欲穷千里目，更上一层楼。</p>
        </section>
        <section>
            <h3>《鹿柴》作者：王维</h3>
            <p>空山不见人，但闻人语响。返景入深林，复照青苔上。</p>
        </section>
    </div>
</body>
</html>
```

其中，外部样式表文件 style4.css 中定义了整个层的样式#all，以及 h1、h2、section 和 p 的样式，具体样式如下。

```
#all{
    width:600px;
    margin:auto;
    background-color: blanchedalmond;
}
h1,h2{
    font-family: "楷体";
}
```

```
section{
   border-top:dashed #F19A21 1px;/*设置栏目的上边框线为虚线*/
}
p{text-indent:2em;}
```

在网页中，一个页面只设计一个<h1>标签，用于突出单一的主题，<h2>、<h3>等标签可以多次使用。上述代码定义的效果如图 4-4 所示。

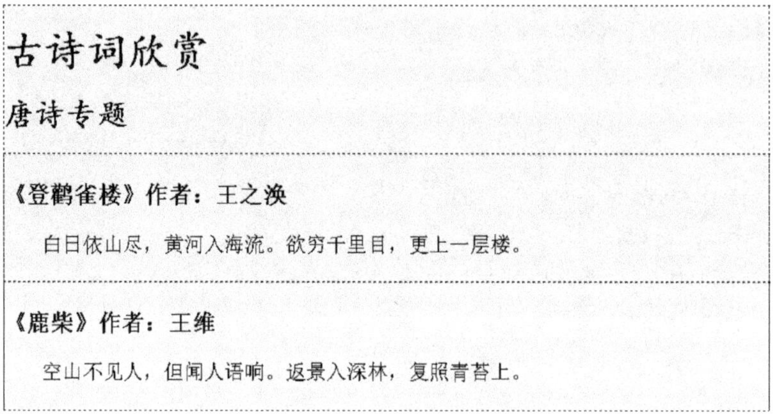

古诗词欣赏

唐诗专题

《登鹳雀楼》作者：王之涣

白日依山尽，黄河入海流。欲穷千里目，更上一层楼。

《鹿柴》作者：王维

空山不见人，但闻人语响。返景入深林，复照青苔上。

图 4-4　使用标题定义网页内容的层次结构

4.2.2　段落和引用

<p>标签用于定义段落文本，在段落文本前后会创建一定距离的空白，即默认的段落格式。

在对页面进行排版时，有时需要增加一段引用，此时可以使用引用文本标签。引用文本标签包括<q>和<blockquote>。两者的区别在于，<q>标签是行内元素，在内容的开始和结尾处会带有""，而<blockquote>标签是块级元素，默认带有左右各 40px 的外间距，不带""。从语义上讲，<q>标签引用的是小段文本，<blockquote>标签引用的是大段的内容块。除此之外，还有<cite>标签，它也可以引用文本，引用的文本将以斜体显示。

<q>和<blockquote>标签都可以包含 cite 属性，用于定义引用来源的 URL。例如：

```
<blockquote cite="https://www.w3school.com.cn/html/html_responsive.asp">
<p>另一个创建响应式布局的方法是使用现成的 CSS 框架。Bootstrap 是一种开发响应式 Web 的 HTML、CSS 和 JavaScript 框架。Bootstrap 可以帮助用户开发在任何设备（显示器、笔记本电脑、平板电脑或手机）上都外观出众的站点。</p>
</blockquote>
```

下面的例子是对<q>、<blockquote>及<cite>标签的应用。

```
<body>
   <div id="all">
      <h1>现代诗欣赏</h1>
```

```
        <h2>徐志摩专题</h2>
        <p><q>徐志摩是一道永远不停息的生命之泉，</q><cite>胡适
        </cite>先生曾对他人说。</p>
        <h3>再别康桥——徐志摩</h3>
        <blockquote>
            <p>轻轻的我走了，</p>
            <p>正如我轻轻的来；</p>
            <p>我轻轻的招手，</p>
            <p>作别西天的云彩。</p>
            <p>那河畔的金柳，</p>
            <p>是夕阳中的新娘；</p>
            <p>波光里的艳影，</p>
            <p>在我的心头荡漾。</p>
            <p>……</p>
        </blockquote>
        <p>——摘自<cite>《猛虎集》</cite></p>
    </div>
</body>
```

效果如图 4-5 所示。

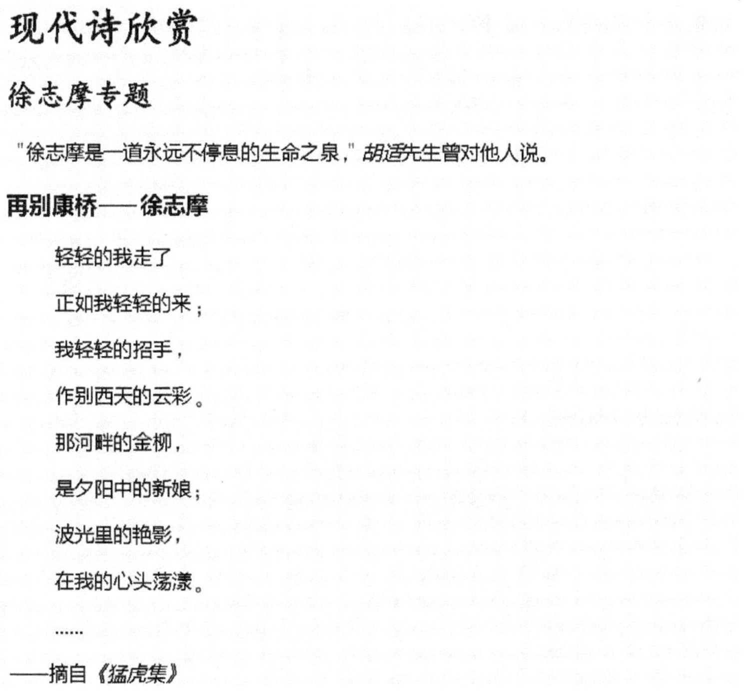

现代诗欣赏

徐志摩专题

"徐志摩是一道永远不停息的生命之泉，" *胡适*先生曾对他人说。

再别康桥——徐志摩

轻轻的我走了

正如我轻轻的来；

我轻轻的招手，

作别西天的云彩。

那河畔的金柳，

是夕阳中的新娘；

波光里的艳影，

在我的心头荡漾。

……

——摘自*《猛虎集》*

图 4-5　引用文本标签的应用效果

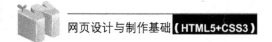

4.2.3 特殊格式标签

1. 强调文本标签

<em>和<strong>是常用的强调文本标签，其中，<em>标签用于强调文本，其包含的文本用斜体显示，<strong>标签强调的程度更高一些，用粗体显示。一般地，<strong>比<em>标签的使用次数更少一些。对下面的这段信息，分别使用<strong>标签和<em>标签来强调部分词语，具体代码如下，其效果如图 4-6 所示。

```
这个很<em>重要</em></br>
请注意，<strong>有电危险！</strong>
```

这个很*重要*

请注意，**有电危险！**

图 4-6 强调文本标签的应用效果

2. 斜体字标签

<i>为斜体字标签，使用<i>标签定义与文本中其余部分不同的部分，并把这部分文本呈现为斜体文本。<i>标签一般被用来表示科技术语、其他语种的成语俗语、想法、宇宙飞船的名字等。如果某些浏览器不支持这种斜体字，则可以对其使用高亮、反白或加下画线等样式。例如，下面的语句将“算术逻辑部件（ALU）”这几个字设置成斜体显示。

```
<p><i>算术逻辑部件（ALU）</i>是能实现多组算术运算和逻辑运算的组合逻辑电路。</p>
```

4.2.4 预定义标签

<pre>标签可定义预格式化的文本。被包裹在<pre>标签中的文本通常会保留空格和换行符，而文本也会呈现为等宽字体。<pre>标签通常用于展示源代码，可以完整地保留 tab、空格和换行符。例如，要在网页中展示 p 样式设置的代码，可以使用<pre>标签包裹，具体代码如下，其效果如图 4-7 所示。

```
<pre>
    p{background-color: aliceblue;
       font-size: 24px;
      }
</pre>
```

```
p{background-color: aliceblue;
       font-size: 24px;
      }
```

图 4-7 <pre>标签的应用效果（1）

下面的例子使用<pre>标签保留诗句的排版。

```
<pre>
   轻轻的我走了，
   正如我轻轻的来；
   我轻轻的招手，
   作别西天的云彩。
</pre>
```

网页在显示时，会保留换行符和空格，即保持原来预定义的格式不变，如图 4-8 所示。

轻轻的我走了，
正如我轻轻的来；
我轻轻的招手，
作别西天的云彩。

图 4-8 <pre>标签的应用效果（2）

4.3 图片使用

4.3.1 插入图片

图片是网页元素中不可或缺的组成部分。网页中常见的图片格式有 GIF、JPEG、PNG。在 HTML 中使用<img/>标签来设置图片。

在“设计”视图中，可以选择“插入”→“Image”命令，在弹出的“选择图像源文件”对话框中，选择需要插入的图片（如 1.jpg），单击“确定”按钮后，插入图片，如图 4-9 所示。

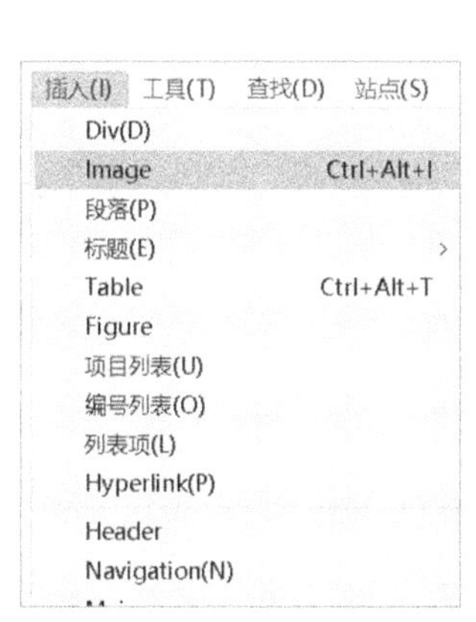

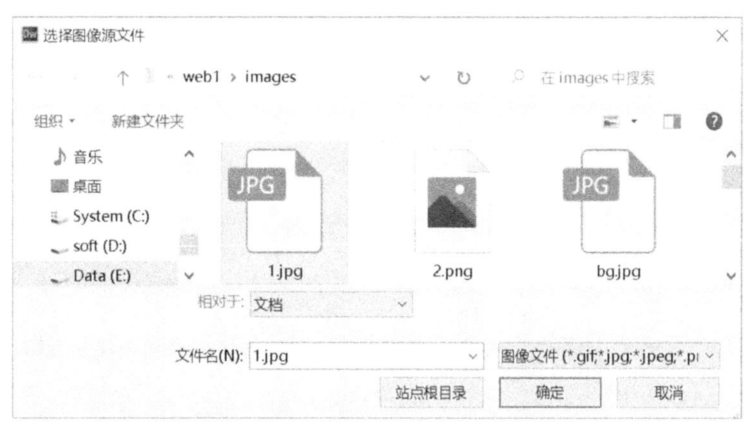

图 4-9 插入图片操作

插入图片后，可右击图片，在弹出的快捷菜单中选择“属性”命令，在弹出的“属性”

面板中设置图片的高度和宽度，以及替换内容，其中“替换”文本框中的内容指的是当图片不能正常显示时显示的文本，如图 4-10 所示。

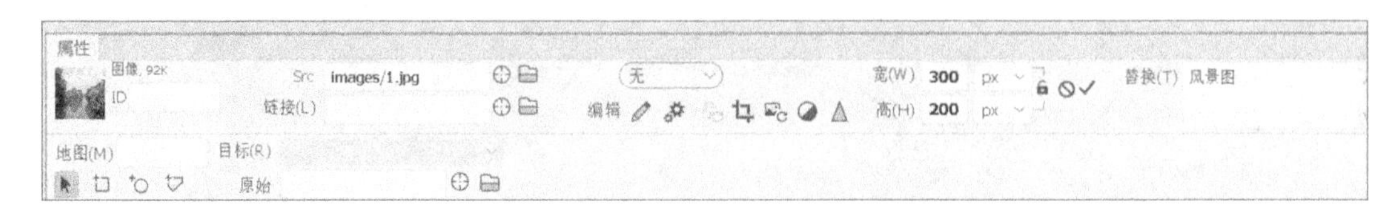

图 4-10　图片“属性”面板

插入图片的代码的基本格式如下。

```
<img src="images/1.jpg" alt="风景图" align="left"/>
```

（1）<img/>标签用于向网页中嵌入图片，即从网页中链接图片。

（2）src 是必需的属性，用于指定图片源，即图片的 URL 路径，路径可以是相对路径，也可以是绝对路径。

（3）alt 属性用于规定图片的替换文本，当浏览器中的图片无法正常显示时，在图片位置显示该替换文本。例如，在本例中，图片能够正常显示的效果如图 4-11 所示，如果图片无法正常显示，则将在图片位置显示“风景图”，如图 4-12 所示。

图 4-11　正常显示图片

图 4-12　图片不能正常显示时显示替换文本

（4）align 为图片的对齐属性，用于设置图片和它边上的文本的对齐方式。例如，下面的例子设置图片的对齐方式分别为底部对齐（默认）、居中对齐和顶部对齐，效果如图 4-13 所示。

```
<body>
    <h2>图片对齐方式例子</h2>
    <p>图片 <img src="images/1.jpg" align="bottom"/>底部对齐例子</p>
    <p>图片 <img src ="images/1.jpg" align="middle"/>居中对齐例子</p>
    <p>图片 <img src ="images/1.jpg" align="top"/>顶部对齐例子</p>
</body>
```

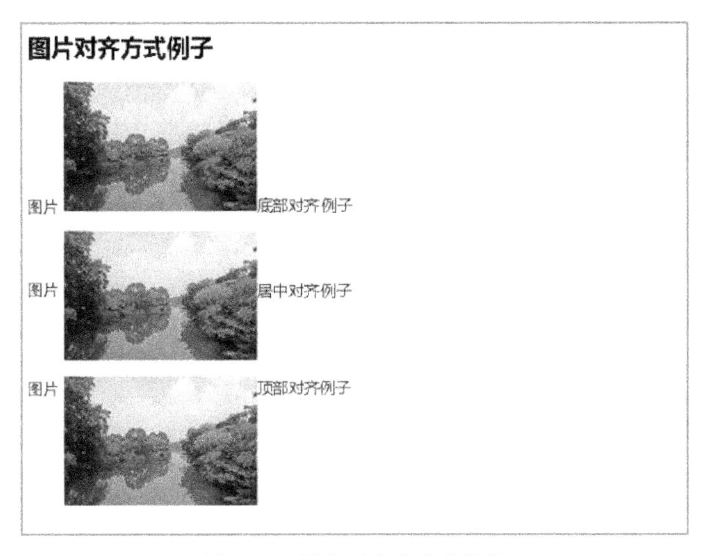

图 4-13　图片对齐方式的效果

在下面的例子中，设置图片相对文本左对齐。

```
<div class="d1">
    <img align="left" src="images/1.jpg" alt="风景图" />
    <p>西湖，位于浙江省杭州市西湖区龙井路 1 号，杭州市区西部，景区总面积为 49 平方千米，汇水面积为 21.22 平方千米，湖面面积为 6.38 平方千米。西湖南、西、北三面环山，湖中白堤、苏堤、杨公堤、赵公堤将湖面分割成若干水面。西湖的湖体轮廓呈近椭圆形，湖底部较为平坦，湖泊平均水深为 2.27 米，最深约 5 米，最浅不到 1 米。湖泊天然地表水源是金沙涧、龙泓涧、赤山涧（慧因涧）、长桥溪四条溪流。西湖地处中国东南丘陵边缘和中亚热带北缘，年均太阳总辐射量在 100～110 千卡/平方厘米，日照时数为 1800～2100 小时。</p>
</div>
```

其中，.d1 的样式如下。

```
.d1{
    width: 620px;
  }
```

效果如图 4-14 所示。

图 4-14　图片相对文本左对齐的效果

4.3.2 设置图片的宽度、高度和边框样式

图片大小和边框样式设置

在默认情况下，HTML 显示图片的原始大小，如果要设置图片的大小，则可以在 CSS 样式中设置 width（宽度）和 height（高度）属性；如果要设置图片的边框，则可以在 CSS 样式中设置 border-style（边框样式）属性。下面的例子实现了图片的大小和边框设置。

```
<!doctype html>
<html>
<head>
   <meta charset="utf-8">
   <title>图片边框显示</title>
   <style>
     img{
        width: 300px;
        height: 200px;
        border:4px;
     }
     .dotted{
        border-style: dotted;
     }
     .solid{
        border-style: solid;
     }
   </style>
</head>
<body>
   <img class="dotted" src="images/1.jpg" alt="风景图"/>
   <img class="solid" src="images/2.jpg" alt="夜景"/>
</body>
</html>
```

上面的例子在网页中插入了两张图片，首先通过 img 统一设置图片的高度为 200px，宽度为 300px，边框为 4px，然后通过建立两个类，为两张图片分别设置虚线边框 dotted 和实线边框 solid，其效果如图 4-15 所示。

图 4-15　图片的大小和边框设置效果

4.4　背景设置

4.4.1　基本背景属性设置

在网页中，背景样式主要包括背景颜色和背景图像。背景颜色使用 background-color 属性设置，背景图像使用 background-image 属性设置，在同时设置了背景颜色和背景图像时，背景图像要优先于背景颜色，即网页将显示背景图像。

在“设计”视图中，单击鼠标右键，在弹出的快捷菜单中选择“页面属性”命令，在弹出的“页面属性”对话框中，设置背景颜色和背景图像。其中，背景图像可以通过单击“背景图像”文本框右侧的“浏览”按钮，打开“选择图像源文件”对话框进行选择，在下方的“重复”下拉列表中，可以设置背景图像是否平铺，如图 4-16 所示。

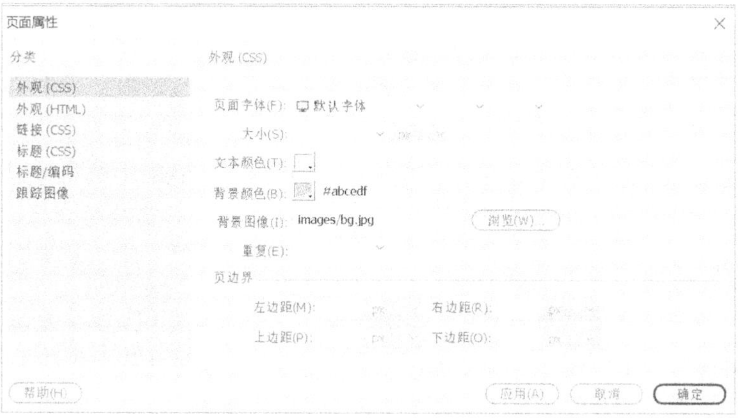

图 4-16　页面属性设置

例如，下面的例子设置了背景颜色为浅蓝色，同时设置了背景图像，最终网页将显示背景图像。具体代码如下。

```
body{
    background-color: #abcedf;
    background-image:url(images/bg.jpg);
}
```

4.4.2　背景图像平铺设置

在网页中，可以使用 background-repeat 属性设置背景图像的显示方式，主要有以下几种。

```
background-repeat:no-repeat |repeat-x|repeat-y|repeat;
```

no-repeat 表示背景图像不平铺，repeat-x 表示背景图像在水平方向上平铺，repeat-y 表示背景图像在垂直方向上平铺，repeat 表示背景图像在水平和垂直方向上同时平铺。在默认情况下，背景图像的显示方式为 repeat。

4.4.3 背景图像位置设置

在默认情况下，背景图像在屏幕左上角开始显示，如果要改变显示位置，则可以使用background-position 属性来设置，其使用方法如下。

```
background-position: x或 y方向对齐方式或者值;
```

x 方向对齐方式有 center（居中）、left（左对齐）、right（右对齐）；y 方向对齐方式有top（顶部对齐）、bottom（底部对齐）、center（居中）。两个方向都可以用百分比值来表示，例如，20%表示距离左边或者上方的百分比值。

background-position 可以取两个值，一个为 x 方向，一个为 y 方向。例如：

```
background-position: center top;
```

表示背景图像水平居中，顶部对齐。

当 background-position 取单个值时，另一个值默认设为 center。例如：

```
background-position: top;
```

表示背景图像顶部对齐，水平居中。

background-position 的取值也可以是像素值，例如，想要让背景图像定位在距离左边40px、距离顶部 40px 的位置，可以这样写：

```
background-position: 40px 40px;
```

在下面的例子中，使用网页背景颜色，同时使用一幅背景图像，无重复，设置背景图像的位置为距离左边 40px、距离顶部 40px。body 样式代码如下。

背景图像位置设置

```
body{
	background-color: #abcedf;
	background-image:url(images/bg1.jpg);
	background-repeat:no-repeat ;
	background-position: 40px 40px;
}
```

效果如图 4-17 所示。

图 4-17 背景图像定位效果（1）

修改 body 样式，将位置设置为水平居中，距离顶部 10px，其效果如图 4-18 所示。

```
body{
    background-color: #abcedf;
    background-image:url(images/bg1.jpg);
    background-repeat:no-repeat ;
    background-position: center 10px;
}
```

图 4-18　背景图像定位效果（2）

4.5　页面设计实例

笔记本电脑介绍主页

下面的例子实现了 ThinkPad X1 系列笔记本电脑介绍主页的设计（见图 4-19），页面采用蓝色背景图像，凸显科技主题，使用水平线<hr/>分隔内容模块，使用 h1、h2 等标题样式设置目录结构。本页面中的段落内容不设置缩进，以达到顶格排版的效果。

图 4-19　ThinkPad X1 系列笔记本电脑介绍主页

该页面具体包含 1 个总标题“ThinkPad X1 系列笔记本电脑介绍”（使用<h1>标签）和 3 个副标题（使用<h2>标签），分别为“新特性”“高性能处理与便携轻薄共存”“内置解决方案与安全性能”，里面包含 3 个主要内容块，最后是版权信息。这些内容之间，使用水平线分隔。将水平线设置不同的粗细来分隔不同的内容。在具体的内容设置中，使用<strong>、<em>、<cite>、<i>等标签设置特殊的格式，以凸显网页不同的效果，同时，在网页中使用图片的对齐属性 align="left"、align="right"来设置图片和文本的对齐方式。

设计步骤如下。

（1）设计网页结构。本案例使用<h1>标签设置总标题，使用<h2>标签设置副标题，标题之间用 4 条水平线<hr/>分隔，顶部和底部的水平线粗细为 3px，宽度为 1200px，中间的两条水平线粗细为 1px，宽度为 900px。其中，水平线的插入方法为：在 Dreamweaver 中选择“插入”→“HTML”→“水平线”命令，在弹出的水平线“属性”面板中设置宽度和高度，如图 4-20 所示。

图 4-20　水平线“属性”面板

具体框架如下。

```
<h1>ThinkPad X1 系列笔记本电脑介绍</h1>
<hr align="left" width="1200" size="3" color="#999999" />
<p>正文内容 1</p>
<h2>新特性</h2>
<p>正文内容 2</p>
<hr align="left" width="900" size="1" color="#999999" />
<h2>高性能处理与便携轻薄共存</h2>
<p >正文内容 3</p>
<hr align="left" width="900" size="1" color="#999999" />
<h2>内置解决方案与安全性能</h2>
<p >正文内容 3</p>
<hr align="left" width="1200" size="3" color="#999999" />
<p  class="p2">版权所有：xx 科技有限公司|2015-2025|浙 ICP 备 0123</p>
```

初始效果如图 4-21 所示。

ThinkPad X1系列笔记本电脑介绍

正文内容1

新特性

正文内容2

高性能处理与便携轻薄共存

正文内容3

内置解决方案与安全性能

正文内容3

版权所有：xx科技有限公司|2015-2025|浙ICP备0123

图 4-21　文档初始效果

接下来分别输入各个正文内容，其中在介绍新特性时，使用<i>标签设置斜体字内容，在“内置解决方案与安全性能”的段落中，使用<cite>标签引用文本，文本内容以斜体字显示。

网页整体内容如下。

```
<body>
    <h1>ThinkPad X1 系列笔记本电脑介绍</h1>
    <hr align="left" width="1200" size="3" color="#999999" />
    <p>ThinkPad X 专为商务用户设计，集超便携、高性能于一体，在保证体积轻薄的同时，还兼顾了产品的高端性能。<br/>无论是销售代表，还是商旅人士，它都能完美契合需求。</p>
    <h2>新特性</h2>
    <p class="p1"><i>
    1. 更轻、更薄，完美平衡工作、娱乐、生活。<br/>
    2. 硬核强芯，迅捷高能，提高多任务处理效率和生产率。<br/>
    3. 丰富接口，全功能 USB-C 接口。<br/>
    4. 极速快充，闪电快充，电池续航持久。<br/>
    5. 高清晰视频与音频，让精彩内容如水晶般清晰展现。<br/>
    </i></p>
    <hr align="left" width="900" size="1" color="#999999" />
    <img src="images/1.jpg"  align="right" alt="正在载入中" />
    <h2>高性能处理与便携轻薄共存</h2>
    <p class="p1"><em>ThinkPad X1 Carbon 的最大特点是轻薄，机身采用航空级碳纤维，重量只有1.08 千克，同时这款笔记本电脑具有强大的处理能力。</em></p>
    <p class="p1">
        <strong>高端芯片配置：</strong>配备 Intel 新一代 IVB 核芯的酷睿 i5-3427U，迅如闪电。</br>
        <strong>目之所及皆精彩：</strong>4K 微边全视屏，全玻璃面板，画面清晰锐利。</br>
```

```
        <strong>自然观感呵护双眼：</strong> 搭载硬件级低蓝光技术，并通过 Eyesafe 护眼认证，在降低有害蓝光的同时提供自然观感。</br>
        <strong>智慧感应系统：</strong> 搭载 Computer Vision 慧眼感应系统。</br>
    </p>
    <hr align="left" width="900" size="1" color="#999999" />
    <h2>内置解决方案与安全性能</h2>
    <img src="images/2.jpg"  align="left" alt="正在载入中" />
    <p  class="p1"><cite>面对无孔不入的安全风险，您将如何应对？X1 系列笔记本电脑配备了领先的企业家安全技术设置。无论是计算应用、远程视频会议<br/>还是商务旅行，都将为您的企业信息提供严密保护。选定型号具备以下一项或多项安全选项。</cite></p>
    <p class="p1">
        <strong>按压式指纹识别：</strong>轻按即解锁，秒速登录操作系统。<br/>
        <strong>摄像头物理开关：</strong>全新 Thinkshutter 电子摄像头开关，一键屏蔽摄像头，不再担忧隐私安全。<br/>
    </p>
    <hr align="left" width="1200" size="3" color="#999999" />
    <p class="p2">版权所有：xx 科技有限公司|2015-2025|浙 ICP 备 0123
    </p>
</body>
```

（2）定义网页基本属性。设置网页的背景图像、字体颜色，以及左边距，具体代码如下。

```
body{
    background-image:url(images/bg.jpg);
    color:"#666666";
    margin-left: 100px;
}
```

（3）设计各级标题及其他文本的样式。定义 h2，以及.p1、.p2 的样式如下，具体代码如下。

```
h2{
    color: #2CA9A0;
}
.p1{
    font-family: "宋体";
    font-size:14px;
    color: #999999;
}
.p2{
    font-family: "新宋";
    font-size:10px;
    color: #999999;
```

```
    text-align: center;
}
```

在“高性能处理与便携轻薄共存”和“内置解决方案与安全性能”模块中，都有用<strong>标签的文本，这些文本同时有下画线，可以对 strong 样式进行设置。具体代码如下。

```
strong{
    text-decoration: underline;
}
```

（4）设计图片的样式。在网页中插入了两张图片，这两张图片有共同的属性，即宽度和高度都一样，不同的是，第 1 张图片相对文本右对齐，第 2 张图片相对文本左对齐，为此，在 img 中设置图片共同的属性。具体代码如下。

```
img{
    width:200px;
    height:150px;
}
```

在第 1 张图片属性中设置右对齐。具体代码如下。

```
<img src="images/1.jpg"  align="right" alt="正在载入中" />
```

在第 2 张图片属性中设置左对齐。具体代码如下。

```
<img src="images/1.jpg"  align="left" alt="正在载入中" />
```

4.6 小结

本章首先介绍了样式设置中的长度单位，以及常见的长度单位的使用，然后详细介绍了网页中的文本、段落、图片的设置和排版，最后介绍了图文排版的具体实例。

文本是信息传递的主要载体，图片是美化网页的重要手段，两者结合，可以实现信息的有效传递。

4.7 思考与练习

1．思考题

（1）CSS 常用的长度单位有哪些？

（2）网页中常见的图片有哪几种格式？简述设置背景图像的过程。

（3）图像的对齐方式有哪几种？设置对齐方式的方法有哪些？

2．操作题

（1）实现本章的所有案例。

（2）杜甫是我国唐代著名的诗人。下面请设计实现唐代著名诗人杜甫介绍页面，要求如下。

（1）整个图文内容放置在容器<div>内，总宽度为 600px，图片宽度为 300px×200px，文本环绕图片右侧排列。

（2）使用 h1、h2 标题样式设置标题，h1 标题为黑色字体，28px，h2 标题为 14px。

（3）其他排版效果如图 4-22 所示。

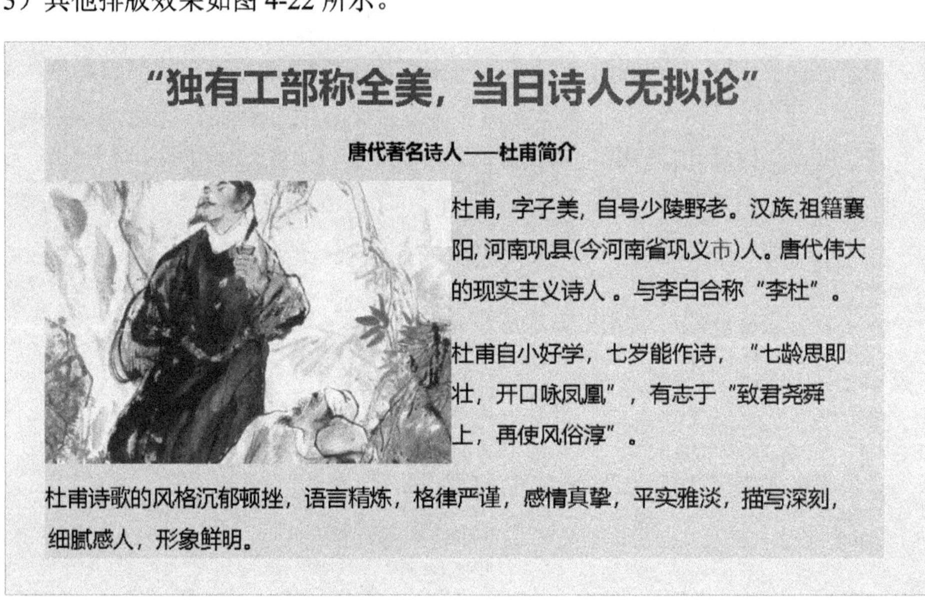

图 4-22　图文排版效果

第5章 列表应用

列表是指在网页中将相关内容以条目的方式呈现，使用列表可以让内容看起来更加简洁明了。在网页制作过程中，通常使用列表进行信息分类、目录制作、菜单设计等。列表结构是标准结构中的核心部件之一，使用列表来显示信息是常用的信息组织方式。

网页中常见的列表包括无序列表（ul）、有序列表（ol）和自定义列表（dl）3种。本章围绕列表应用，主要讲述以下内容。

（1）无序列表。

（2）有序列表。

（3）自定义列表。

（4）列表应用实例。

5.1 无序列表

列表的类型

无序列表是网页中使用次数最多的列表形式。无序列表使用<ul>标签，其中的每个列表项目使用<li>标签。无序列表也称为项目列表，各个项目<li>之间属于并列关系，没有先后顺序之分，它们之间使用项目符号来显示。例如，下面的例子使用无序列表来呈现笔记本的品牌。

```
<ul>
    <li>联想笔记本电脑</li>
    <li>惠普笔记本电脑</li>
    <li>戴尔笔记本电脑</li>
    <li>苹果笔记本电脑</li>
</ul>
```

显示效果如图 5-1 所示。

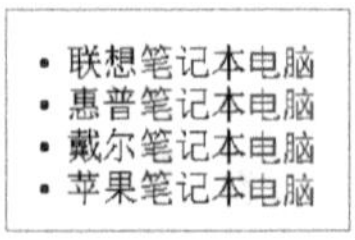

- 联想笔记本电脑
- 惠普笔记本电脑
- 戴尔笔记本电脑
- 苹果笔记本电脑

图 5-1　无序列表显示效果（使用默认项目符号）

小圆点为无序列表默认的项目符号，用户可以通过设置 ul 的样式，利用 list-style 属性来更改显示的项目符号。例如，将项目符号设置为空心圆：ul{list-style: circle;}。显示效果如图 5-2 所示。

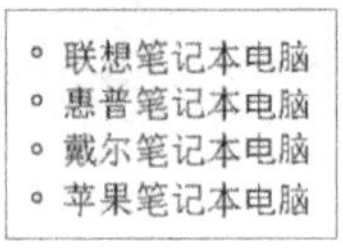

- 联想笔记本电脑
- 惠普笔记本电脑
- 戴尔笔记本电脑
- 苹果笔记本电脑

图 5-2　无序列表显示效果（使用空心圆项目符号）

常见的项目符号有如下 4 个。

（1）disc：实心圆（默认值）。

（2）circle：空心圆。

（3）square：实心方块。

（4）none：无。

除了系统提供的项目符号，用户还可以自定义项目符号，只需要设置 ul 样式：ul{list-style-image: url(images/ico1.png); }。显示效果如图 5-3 所示。

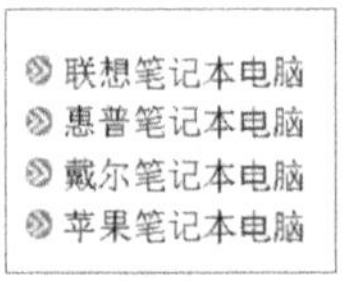

- 联想笔记本电脑
- 惠普笔记本电脑
- 戴尔笔记本电脑
- 苹果笔记本电脑

图 5-3　无序列表显示效果（使用图片项目符号）

如果同时为一个列表设置了系统提供的项目符号和自定义项目符号，则自定义项目符号将覆盖系统提供的项目符号；如果设置了 list-style-type:none，或者自定义项目符号的路径不正确，则 list-style-type 属性仍有效。

下面的例子使用 HTML5 的<nav>标签和无序列表制作了导航菜单，效果如图 5-4 所示。

Web前端开发

- HTML5
- CSS3
- JavaScript

Web后端开发

- Servlet
- JSP
- MySQL

图 5-4　制作的导航菜单效果

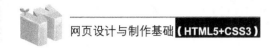

<nav>是 HTML5 的语义标签，表示该区域是导航菜单部分，<nav>标签中的内容默认没有显示效果。在下面的代码中，首先使用<h3>标签定义标题“Web 前端开发”和“Web 后端开发”，然后使用两个<nav>标签，分别包含两个列表<ul>，每个列表的内容是超链接模块。具体代码如下。

```
<body>
    <h3>Web 前端开发</h3>
    <nav>
        <ul>
            <li><a href="#">HTML5</a></li>
            <li><a href="#">CSS3</a></li>
            <li><a href="#">JavaScript</a></li>
        </ul>
    </nav>
    <h3>Web 后端开发</h3>
    <nav>
        <ul>
            <li><a href="#">Servlet</a></li>
            <li><a href="#">JSP</a></li>
            <li><a href="#">MySQL</a></li>
        </ul>
    </nav>
</body>
```

列表可以嵌套使用，即一个列表中可以包含多个层次的列表。在网页中，使用嵌套列表不仅使网页的内容层次更加清晰，而且布局也更加合理美观。嵌套列表对于内容层次较多的页面是一个较好的选择。下面是一个使用嵌套列表的例子。

```
<ul>
    <li>联想笔记本电脑
        <ul>
            <li>ThinkPad X1</li>
            <li>ThinkPad T14</li>
            <li>IdeaPad 14S</li>
        </ul>
    </li>
    <li>惠普笔记本电脑
        <ul>
            <li>星 14 Pro</li>
            <li>星 15 青春</li>
            <li>2230S</li>
        </ul>
```

```
    </li>
    <li>戴尔笔记本电脑</li>
    <li>苹果笔记本电脑</li>
</ul>
```

显示效果如图 5-5 所示。

- 联想笔记本电脑
    - ThinkPad X1
    - ThinkPad T14
    - IdeaPad 14S
- 惠普笔记本电脑
    - 星14 Pro
    - 星15青春
    - 2230S
- 戴尔笔记本电脑
- 苹果笔记本电脑

图 5-5　嵌套列表的显示效果

从图 5-5 中可以看出，列表分为两级，并且在显示上会自动缩进，使用不同的项目符号。

5.2　有序列表

有序列表使用<ol>标签，其中的每个列表项目是有先后顺序的，下面代码的显示效果如图 5-6 所示。

```
<h1>广受欢迎的五种花茶：</h1>
<ol>
    <li>桂花茶</li>
    <li>菊花茶</li>
    <li>百合花茶</li>
    <li>玫瑰花茶</li>
    <li>金银花茶</li>
</ol>
```

广受欢迎的五种花茶：

1. 桂花茶
2. 菊花茶
3. 百合花茶
4. 玫瑰花茶
5. 金银花茶

图 5-6　无序列表的显示效果

可以使用 ol 的 list-style 属性来设置编号的样式，例如，设置编号的样式为小写字母：ol{list-style: lower-alpha;}。

常见的有序列表编号样式有如下 6 个。

（1）decimal：数字（默认值）。

（2）lower-alpha：小写字母。

（3）upper-alpha：大写字母。

（4）lower-roman：小写罗马数字。

（5）upper-roman：大写罗马数字。

（6）none：无编号。

有序列表一般从 1、a、A 或 i 开始编号，如果要更改起始的编号，则可以使用 start 属性。例如：

```
<ol start="3">
    <li>桂花茶</li>
    <li>菊花茶</li>
    <li>百合花茶</li>
</ol>
```

<ol start="3">表示从第 3 个数字或者字母开始编号，由于默认的编号样式是数字，因此该列表从数字 3 开始编号，如图 5-7 所示。

如果设置了 ol{list-style: lower-alpha;}，那么从小写字母的第 3 个字母开始编号，如图 5-8 所示。

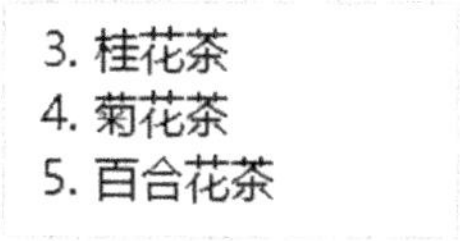

3. 桂花茶
4. 菊花茶
5. 百合花茶

图 5-7 使用 start 属性设置起始编号（数字）

c. 桂花茶
d. 菊花茶
e. 百合花茶

图 5-8 使用 start 属性设置起始编号（小写字母）

5.3 自定义列表

除了有序列表和无序列表，用户还可以自定义列表，以满足网页设计的多种需求。

在 HTML 文档中，使用<dl>标签来生成自定义列表（Definition List），<dl>标签里面包含<dt>和<dd>标签，<dt>用于设置自定义列表的标题，<dd>用于设置自定义列表的内容。自定义列表一般用于名词解释类网页，具体包含两个层次的列表，第 1 层是需要解释的名词，第 2 层是具体的解释。下面的例子使用自定义列表实现了成语词条的释译。

```
<h1>成语词条天天记</h1>
<dl>
    <dt>白云苍狗</dt>
    <dd>比喻世事变幻无常。</dd>
    <dt>分庭抗礼</dt>
```

```
    <dd>原指宾客和主人分别站在庭院两边，以平等的礼节相见，后用于比喻互相对立，地位相当。</dd>
    <dt>守株待兔</dt>
    <dd>比喻死守经验，不知变通，也用于讽刺妄想不劳而获的侥幸心理。
    </dd>
</dl>
```

显示效果如图 5-9 所示。

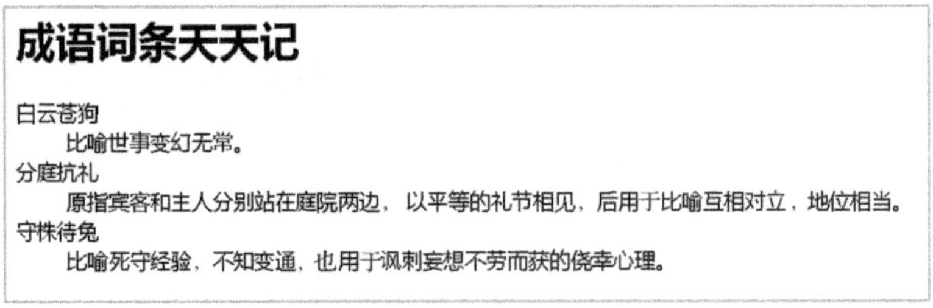

成语词条天天记

白云苍狗
　　比喻世事变幻无常。
分庭抗礼
　　原指宾客和主人分别站在庭院两边，以平等的礼节相见，后用于比喻互相对立，地位相当。
守株待兔
　　比喻死守经验，不知变通，也用于讽刺妄想不劳而获的侥幸心理。

图 5-9　自定义列表的显示效果

5.4　列表应用实例

下面通过介绍 3 个案例来讲解列表的使用。

5.4.1　设计垂直导航菜单

设计垂直导航菜单

导航是每个网站必备的功能，一般主页都需要设计导航菜单。由于列表在默认情况下使用垂直布局的方式，因此使用列表来设计导航菜单非常方便。

下面的例子实现了垂直导航菜单的设计。

（1）使用<ul>标签建立导航菜单，并为<li>标签的每个项目插入超链接，做成目录。具体代码如下。

```
<ul id="menu">
    <li><a href="#">花茶种类</a></li>
    <li><a href="#">花茶功效</a></li>
    <li><a href="#">花茶泡法</a></li>
    <li><a href="#">花茶采购</a></li>
    <li><a href="#"></a></li>
</ul>
```

（2）设置列表样式。设置列表不显示项目符号，并设置列表总体宽度为 160px。具体代码如下。

```
#menu{
    list-style-type: none; /*不显示项目符号*/
    margin: 0;
```

```
    padding: 0;
    width: 160px;
}
```

（3）设置正常超链接样式。由于超链接元素 a 是行内元素，无法控制宽度和高度，因此要把 a 设置为块级元素（block），这样才能使列表项目的布局产生作用。具体代码如下。

```
#menu li a{
    display: block;                /*设置为块级元素*/
    padding: 2px 4px;
    text-decoration: none;         /*不显示下画线*/
    background-color:#3A6A24;
    border: 2px solid beige;
    color:aliceblue;
}
```

在上述代码中，display:block;表示将 a 设置为块级元素，text-decoration: none;表示在正常超链接状态下，不显示下画线，同时设置了超链接的背景颜色为暗绿色 background-color:#3A6A24;，以及设置了边框的样式 border: 2px solid beige;。

（4）设置鼠标指针经过时超链接的状态。当鼠标指针经过（a:hover）时，将背景颜色设置为亮绿色，并且边框为立体边框效果，以实现菜单切换效果。具体代码如下。

```
#menu li a:hover{
    color:black;
    background-color:#94D046;
    border-style: outset;
}
```

当鼠标指针放在第 2 个选项上时，菜单的显示效果如图 5-10 所示。

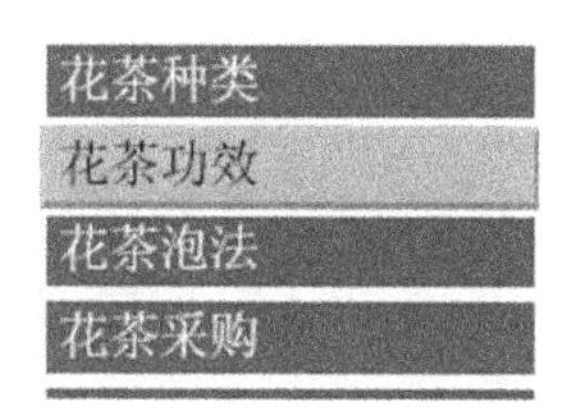

图 5-10　使用列表设计垂直导航菜单的显示效果

5.4.2　设计下拉菜单

设计下拉菜单

本例实现了教务管理系统下拉菜单的设计，菜单使用折叠式菜单效果，鼠标指针放在一级菜单上面，将显示下拉菜单（二级菜单），如图 5-11 所示。

教务中心　家校互动　数据中心　与我联系

学员管理
班级管理
课表管理
上课记录
老师管理
学员考勤

教务中心　家校互动　数据中心　与我联系

学习计划
老师寄语
家长反馈
成长档案
电子相册
通知管理

图 5-11　使用列表设计教务管理系统下拉菜单

在本例中，一级菜单有教务中心、家校互动、数据中心、与我联系 4 部分内容，使用<ul>和<li>标签实现。具体代码如下。

```
<ul>
    <li>教务中心</li>
    <li>家校互动</li>
    <li>数据中心</li>
    <li>与我联系</li>
</ul>
```

为每个一级菜单项目<li>又设置了二级菜单<ul><li></li></ul>，以“教务中心”为例，相应的二级菜单设置如下。

```
<li >教务中心
    <ul>
        <li>学员管理</li>
        <li>班级管理</li>
        <li>课表管理</li>
        <li>上课记录</li>
        <li>老师管理</li>
        <li>学员考勤</li>
    </ul>
</li>
```

一级菜单和二级菜单使用嵌套列表来完成。具体实现步骤如下。

（1）在页面中建立嵌套列表，并将列表放置在一个 div 层里面，代码如下。

```
<div class="menu">
    <ul >
        <li class="menu-hover"><a href="#">教务中心</a>
            <ul class="menu-box">
                 <li><a href="#">学员管理</a></li>
                 <li><a href="#">班级管理</a></li>
                 <li><a href="#">课表管理</a></li>
                 <li><a href="#">上课记录</a></li>
                 <li><a href="#">老师管理</a></li>
                 <li><a href="#">学员考勤</a></li>
            </ul>
        </li>
        <li class="menu-hover" ><a href="#">家校互动</a>
            <ul class="menu-box" >
               <li><a href="#">学习计划</a></li>
               <li><a href="#">老师寄语</a></li>
               <li><a href="#">家长反馈</a></li>
               <li><a href="#">成长档案</a></li>
               <li><a href="#">电子相册</a></li>
               <li><a href="#">通知管理</a></li>
            </ul>
        </li>
        <li class="menu-hover"><a href="#">数据中心</a>
            <ul class="menu-box" >
               <li><a href="#">成绩统计</a></li>
               <li><a href="#">考勤分析</a></li>
               <li><a href="#">财务数据</a></li>
               <li><a href="#">数据下载</a></li>
            </ul>
        </li>
        <li class="menu-hover" ><a href="#">与我联系</a>
            <ul class="menu-box">
               <li><a href="#">咨询服务</a></li>
               <li><a href="#">意见建议</a></li>
               <li><a href="#">合作交流</a></li>
            </ul>
        </li>
    </ul>
</div>
```

（2）设置整个 div 层的样式（.menu），包括背景颜色、宽度和高度，具体代码如下。

```
.menu{
    background-color:#FC970F;
    height: 37px;
    width:750px;
}
```

（3）设置一级菜单“教务中心”“家校互动”“数据中心”“与我联系”的样式，具体代码如下。

```
.menu li{
    width: 176px;
    text-align: center;
    list-style: none;
    float:left;            /*设置向左浮动，使列表项目可以并排*/
    line-height: 37px;
}
.menu li a{
    text-decoration: none;
    font-size: 17px;
    padding:6px 15px;      /*设置文字的位置，上/下边距为 6px，左/右边距为 15px*/
    color: #fff;
    font-family:"宋体";
}
.menu-hover:hover{
    background-color: rgb(255,255,255,0.3);/*设置背景透明度为 0.3*/
}
```

列表元素 li 为块级元素，默认情况下单独占据一行，为了使这几个菜单并排，设置了 float:left;，其表示元素向左浮动，即右边可以出现其他元素。菜单内容的样式，通过设置超链接 a 的样式来确定。.menu-hover:hover 设置了当鼠标指针经过一级菜单项目时，背景颜色为透明效果。

（4）设置二级菜单 ul 的整体样式，具体代码如下。

```
.menu li ul{
    width:175px;
    display: none; /*不显示*/
    padding-left: 20px;
    background: rgb(255,255,255,0.5);
}
```

需要注意的是，在上述的设置中，display: none;表示不显示内容，即隐藏，也就是二级菜单在默认情况下不显示。

（5）设置二级菜单.menu-box 类的样式，具体代码如下。

```
.menu-box{
    background-color: rgb(0,0,0,0.5);
    width:234px;
    height: 432px;
}
```

（6）设置二级菜单每个项目的样式（圆角边框，边框颜色为橙色），具体代码如下。

```
.menu-box li {
    width: 153px;
    height: 32px;
    text-align: center;
    line-height: 32px;
    margin: 15px auto 0;
    border:1px solid #fc970f;
    border-radius: 10px;     /*圆角边框*/
}
```

其中，border 用于设置边框样式，border-radius 用于设置圆角边框。

（7）设置二级菜单的超链接样式，具体代码如下。

```
.menu-box li a{
    text-decoration: none;/*无下画线*/
    color:#111;
    font-size: 14px;
    font-family: "微软雅黑";
}
.menu-box li:hover{
    background-color: #fc970f;
}
```

其中，.menu-box li:hover{background-color:#fc970f;表示当鼠标指针经过二级菜单项目时，背景颜色显示为橙色，效果如图 5-12 所示。

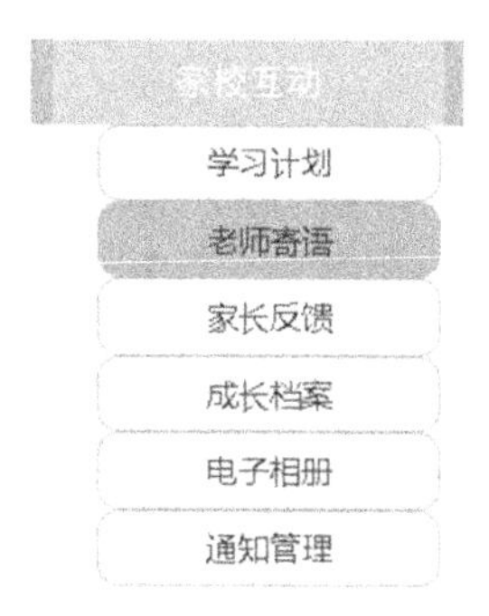

图 5-12　鼠标指针经过二级菜单项目时的效果

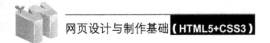

（8）设置当鼠标指针经过一级菜单项目时，显示相应的二级菜单。

```
.menu li:hover .menu-box{
    display: block;
}
```

5.4.3 设计个人博客主页

本例实现了个人博客主页的设计，其中“周末回眸”和“常用超链接”中的超链接都使用列表来布局。

整个页面分为 Logo、导航、左侧主内容、右侧超链接、版权信息 5 个模块，每个模块用块级元素 div 存放，这 5 个模块又存放在一个总的 div 层里面。整体效果如图 5-13 所示。

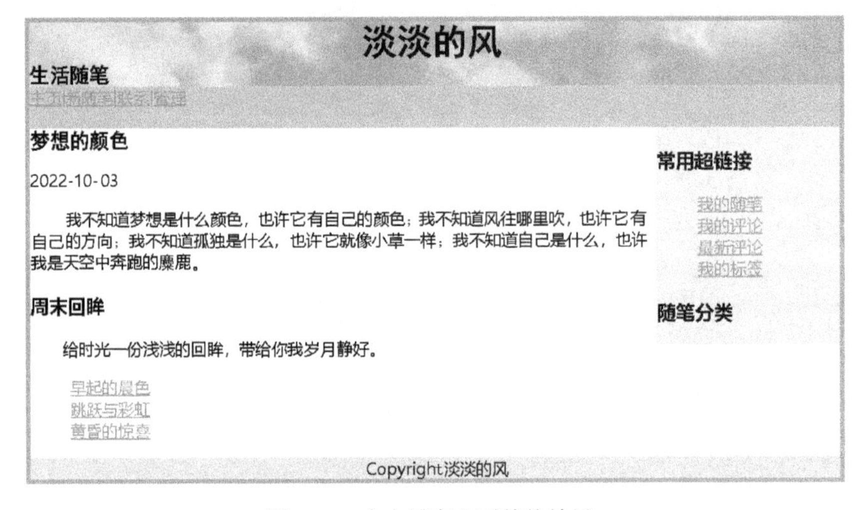

图 5-13　个人博客主页整体效果

（1）Logo 模块使用一张背景图片，放置个人博客的标题和副标题，代码为<div class="logo" > <h1 style="text-align: center">淡淡的风</h1><h2>生活随笔</h2></div>。

（2）导航模块放置 4 个超链接，代码为<div class="navigation"><a href="#">主页|</a><a href="#">新随笔|</a><a href="#">联系|</a><a href="#">管理</a></div>，并使用背景颜色（浅灰色）突出导航。

（3）左侧主内容模块放置文章的标题、发布时间、具体内容，以及索引的标题和超链接，其中索引的超链接使用<ul><li></li></ul>来布局，具体为将每个超链接设置为<li>的项目。

```
<ul>
    <li><a href="#">早起的晨色</a></li>
    <li><a href="#">跳跃与彩虹</a></li>
    <li><a href="#">黄昏的惊喜</a></li>
</ul>
```

（4）右侧超链接模块放置超链接，其各个超链接也使用列表的方式来组织内容，具体代码如下。

```
<div class="sidenav">
    <h3>常用超链接</h3>
    <ul>
    <li><a href="#">我的随笔</a></li>
    <li><a href="#">我的评论</a></li>
    <li><a href="#">最新评论</a></li>
    <li><a href="#">我的标签</a></li>
    </ul>
    <h3>随笔分类</h3>
</div>
```

同时为了和左侧主内容模块有所区分，右侧超链接模块设置了背景颜色。左侧和右侧的两个 div 层，使用浮动的方式进行布局。

（5）底部为版权信息模块。

每个模块的布局样式设计，将在本书第 8 章中详细介绍，这里先不赘述。网页布局的整体结构如图 5-14 所示。

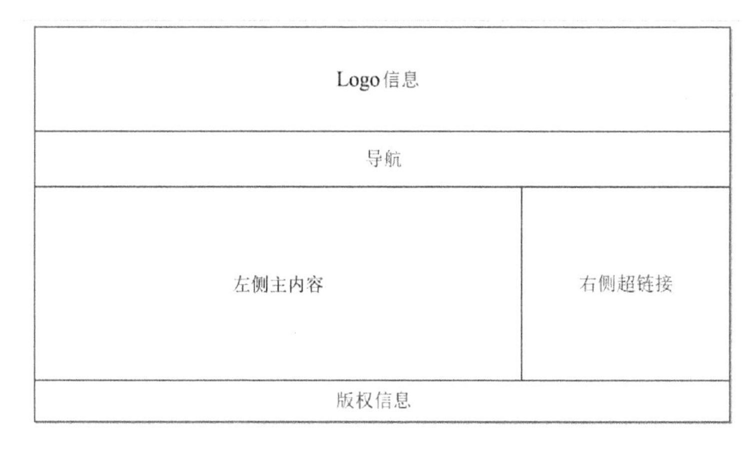

图 5-14　网页布局的整体结构

<body>部分的具体代码如下。

```
<body>
    <div class="all" >
        <div class="logo" >
            <h1 style="text-align: center">淡淡的风</h1>
            <h2>生活随笔</h2>
        </div>
        <div  class="navigation"><a  href="#">主页|</a><a  href="#">新随笔|</a><a 
href="#">联系|</a><a href="#">管理</a></div>
```

```
        <div class="main">
            <h2>梦想的颜色</h2>
            <p>2022-10-03</p>
            <p>我不知道梦想是什么颜色，也许它有自己的颜色；我不知道风往哪里吹，也许它有自己的方
向；我不知道孤独是什么，也许它就像小草一样；我不知道自己是什么，也许我是天空中奔跑的麋鹿。</p>
            <h3>周末回眸</h3>
            <p>给时光一份浅浅的回眸，带给你我岁月静好。</p>
            <ul>
                <li><a href="#">早起的晨色</a></li>
                <li><a href="#">跳跃与彩虹</a></li>
                <li><a href="#">黄昏的惊喜</a></li>
            </ul>
        </div>
        <div class="sidenav">
            <h3>常用超链接</h3>
            <ul>
                <li><a href="#">我的随笔</a></li>
                <li><a href="#">我的评论</a></li>
                <li><a href="#">最新评论</a></li>
                <li><a href="#">我的标签</a></li>
            </ul>
        <h3>随笔分类</h3>
        </div>
        <div class="footer">Copyright 淡淡的风</div>
    </div>
</body>
```

设置样式的具体代码如下。

```
.all{
    width:800px;
    margin: auto;
    border: 5px solid  #4DC6E7;
    }
.logo{
    width: 800px;
    margin-top: 0px;
    background-image:url(images/bg3.jpg);
    }
.main{
    position: static;
    width:614px;
```

```
    float:left;
    }
.sidenav{
    position: static;
    width:180px;
    float:right;
    background-color: #EDEDED;
    clear:right;
    }
.navigation{
    width:800px;
    background-color:#C0C0C0;
    height: 40px;
    clear: both;
    }
a:link,a:visited{
    color: #33B9F7;
    }
h1,h2{
    margin: 0px;
    font-family: "黑体";
    }
h1{font-size: 34px;}
h2{font-size: 20px;}
ul{list-style: none;}
.footer{
    width:800px;
    height:20px;
    clear:both;
    background-color:gainsboro;
    text-align: center;
    }
p{
    text-indent:2em;
}
```

5.5 小结

本章详细介绍了无序列表、有序列表和自定义列表的使用。无序列表和有序列表都可以嵌套使用，实现多层次的目录结构设计，自定义列表一般应用于名词解释类网页。

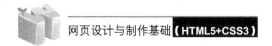

使用列表不仅可以简化网页结构，通过CSS样式的设置还可以实现丰富的导航、目录、水平菜单、垂直菜单等功能。更多列表和CSS样式的结合案例，将会在第8章中进行讲解。

5.6 思考与练习

1. 思考题

（1）通过什么设置可以不显示无序列表的项目符号？

（2）用户如何自定义列表？

2. 操作题

（1）使用列表建立一个垂直菜单，要求在切换菜单项目时，有切换效果，如图5-15所示。

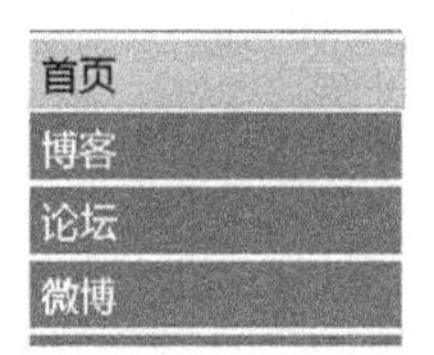

图5-15 垂直菜单效果

（2）设计校园主页导航菜单，实现折叠式菜单效果，如图5-16所示。

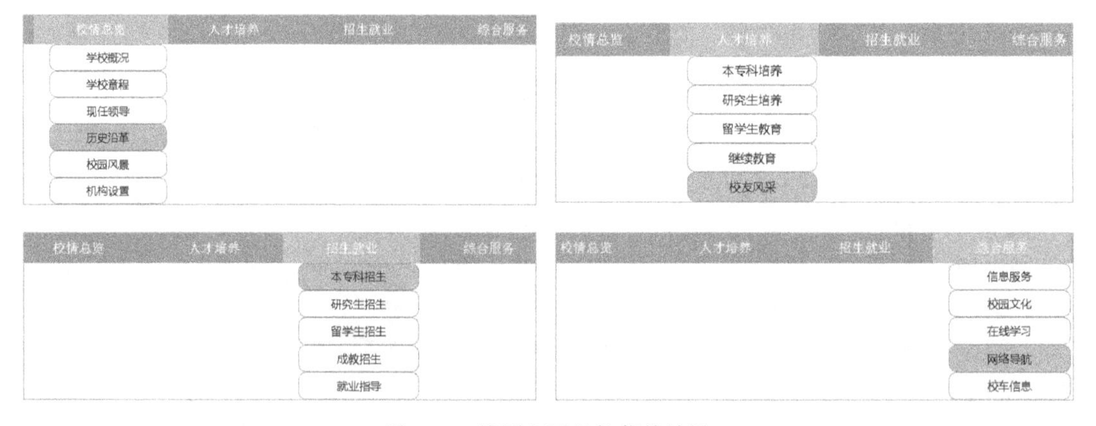

图5-16 校园主页导航菜单效果

① 一级菜单的背景颜色为#75a043，鼠标指针经过一级菜单项目时，其背景颜色的透明度为0.3，并显示二级菜单。

② 鼠标指针经过二级菜单项目时，其背景颜色为#a3b46c，二级菜单为圆角边框效果，边框颜色为#50804e。

第6章 表格设计

表格是 HMTL 中常用的对象，表格拥有特殊的结构和布局模型，能够醒目地描述数据之间的关系，因此网页常常使用表格进行数据的组织和展示。表格<table>由行<tr>和单元格<td>组成，借助 CSS 设计表格样式，可以使用户在阅读数据时更便捷、更轻松。

本章围绕表格设计，主要讲述以下内容。

（1）表格结构。

（2）表格属性。

（3）表格应用实例。

6.1 表格结构

6.1.1 表格标签

最简单的表格结构由<table>、<tr>和<td>组成。

（1）<table>是表格标签，在其中描述表格的属性。

（2）<tr>用于定义表格行。

（3）<td>用于定义单元格，单元格里面存放数据，这些数据可以是图片、文字、声音、视频等。

下面的例子定义了 3 行 2 列的表格。在<table>标签中设置了 width="200px"（表示表格的宽度为 200px）、border="1"（表示表格的边框粗细为 1px）和 align="center"（表示表格居中显示）。在<table>标签中有 3 对<tr></tr>标签，表示表格包含 3 行，每对<tr></tr>标签中包含 2 对<td></td>标签，表示每行有 2 个单元格。在<td>标签中存放了单元格显示的内容。

表格的最终显示效果如图 6-1 所示。具体代码如下。

```
<table width="200px" border="1"  align="center">
  <tr>
    <td>姓名</td>
    <td>星座</td>
  </tr>
  <tr>
    <td>张三</td>
    <td>双子座</td>
  </tr>
  <tr>
    <td>李四</td>
    <td>巨蟹座</td>
  </tr>
</table>
```

姓名	星座
张三	双子座
李四	巨蟹座

图 6-1　3 行 2 列表格的最终显示效果

6.1.2　插入表格

（1）在“设计”视图中，选择“插入”→“Table”命令，在弹出的“Table”对话框中，设置表格“行数”为“3”，“列”为“2”，“表格宽度”为“200 像素”，“边框粗细”为“1 像素”，单击“确定”按钮，即可建立一张 3 行 2 列的表格，如图 6-2 所示。

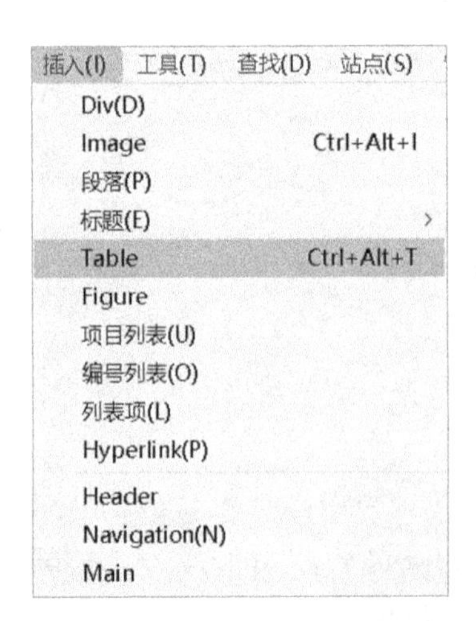

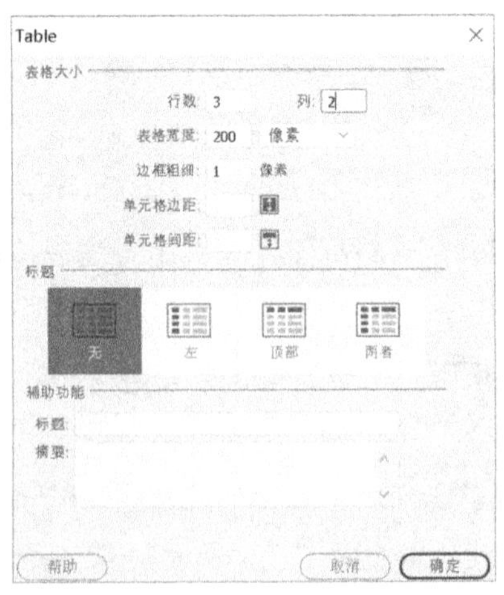

图 6-2　插入表格

（2）插入表格后，在表格“属性”面板中，设置表格的对齐方式（Align）为“居中对齐”，如图 6-3 所示。

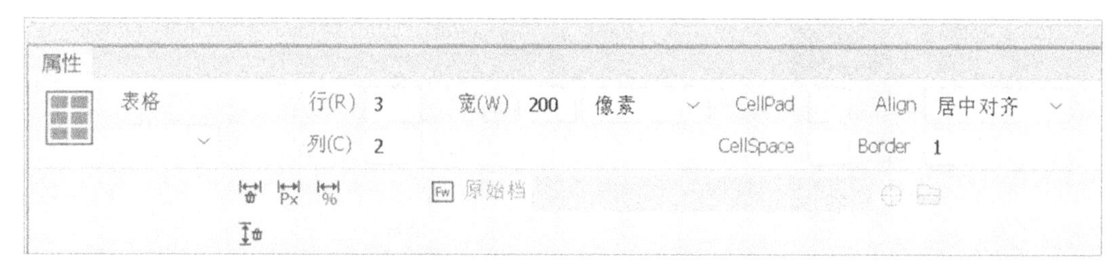

图 6-3 表格“属性”面板

（3）在表格的空白单元格内，依次输入相应的内容，得到如图 6-1 所示的表格。

（4）如果要设置表格的背景颜色，则可以直接在<table>标签内，设置 bgcolor 属性，如<table width="200" border="1" align="center" bgcolor="#abcedf">。

6.2 表格属性

6.2.1 表格<table>属性

表格<table>的常用属性如下。

（1）width：宽度。

（2）height：高度。

（3）align：水平对齐方式。

（4）bgcolor：背景颜色。

（5）border：边框粗细。

（6）border-color：边框颜色。

（7）cellspacing：单元格间距，即单元格和单元格之间的距离。

（8）cellpadding：填充，单元格边距，即单元格里面的内容距离单元格边的值。

（9）bordercolorlight：亮边框颜色（左上边框颜色）。

（10）bordercolordark：暗边框颜色（右下边框颜色）。

下面的例子使用表格的 cellspacing 和 cellpadding 属性，设置导航效果，如图 6-4 所示。

（1）首先插入一张 5 行 1 列的表格，设置“表格宽度”为“100 像素”，“边框粗细”为“0 像素”，如图 6-5 所示。

图 6-4　导航效果

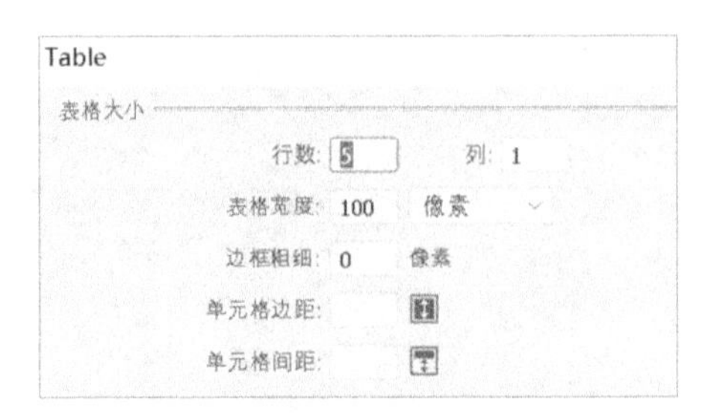

图 6-5　插入表格

（2）在表格里面输入导航内容，并设置单元格水平对齐方式为“居中对齐”，所有单元格背景颜色为橙色，如图 6-6 所示。

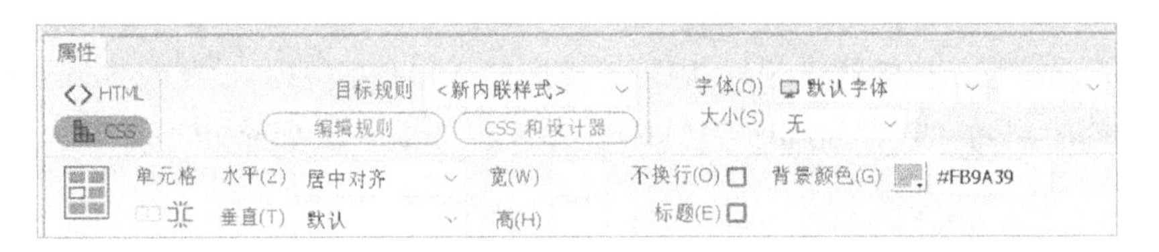

图 6-6　设置单元格属性

（3）设置表格背景颜色为黑色，即 bgcolor="#000000"，并在表格“属性”面板中，设置 CellPad（cellpadding）为“10”，CellSpace（cellspacing）为“10”，如图 6-7 所示。

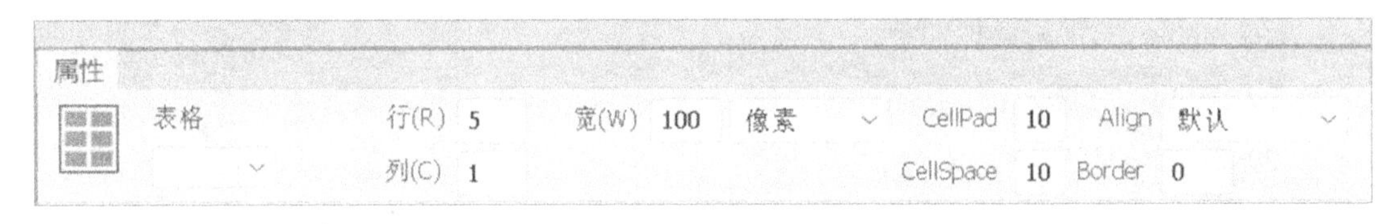

图 6-7　设置表格属性

（4）完成导航设置。

利用表格的 cellspacing 和 cellpadding 属性，也可以实现相册的相框效果，如图 6-8 所示。

图 6-8　相册的相框效果

设计步骤如下。

（1）建立一个2行2列的表格，设置宽度为400px，背景颜色为绿色。

（2）在每个单元格里面插入图片，设置图片大小为192px×120px。

（3）设置单元格水平居中，并设置单元格的背景颜色为白色。

（4）设置表格属性：填充CellPad（cellpadding）为20px，间距CellSpace（cellspacing）为20px。

<table></table>区域的代码如下。

```
<table width="400" border="0" align="center" cellpadding="20" cellspacing="20"
bgcolor="#CCFF66">
    <tr bgcolor="#FFFFFF">
        <td align="center"><img src="img/p3.jpg" width="192" height="120" /></td>
        <td align="center"><img src="img/p4.jpg" width="192" height="120"/></td>
    </tr>
    <tr bgcolor="#FFFFFF">
        <td align="center"><img src="img/p2.jpg" width="192" height="120"/></td>
        <td align="center"><img src="img/p6.jpg" width="192"height="120" /></td>
    </tr>
</table>
```

6.2.2 行<tr>属性

行<tr>的常用属性如下。

（1）align：行内容的水平对齐方式。

（2）valign：行内容的垂直对齐方式。

（3）bgcolor：行的背景颜色。

（4）border-color：行的边框颜色。

（5）bordercolorlight：行的亮边框颜色。

（6）bordercolordark：行的暗边框颜色。

使用CSS设置不同行的样式，具体代码如下。

```
.trr{
    text-align: center;
    vertical-align: bottom;
}
.trl{
    text-align: left;
    vertical-align: top;
}
```

表格的第 1 行应用.trr 样式，文字对齐方式为水平居中、垂直底部对齐，同时设置了表格第 1 行的背景颜色 bgcolor 属性；第 2 行应用.trl 样式，文字对齐方式为左对齐、靠顶部对齐。具体代码如下。

```
<table width="200" border="1" align="center">
  <tr class="trr" bgcolor="#CCCCCC">
    <td height="37">姓名</td>
    <td>星座</td>
  </tr>
  <tr class="trl">
    <td height="27">张三</td>
    <td>双子座</td>
  </tr>
</table>
```

效果如图 6-9 所示。

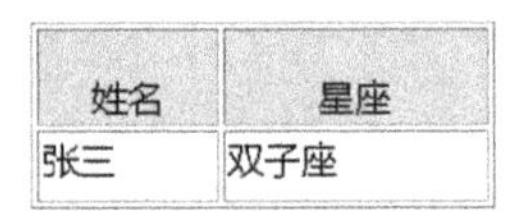

图 6-9　对齐方式的设置效果

6.2.3　单元格<td>属性

单元格<td>的常用属性如下。

（1）width：单元格的宽度。

（2）height：单元格的高度。

（3）align：单元格内容的水平对齐方式。

（4）valign：单元格内容的垂直对齐方式。

（5）bgcolor：单元格的背景颜色。

（6）border-color：单元格的边框颜色。

（7）bordercolorlight：单元格的亮边框颜色。

（8）bordercolordark：单元格的暗边框颜色。

（9）background：单元格的背景图像。

（10）colspan：单元格跨列合并。

（11）rowspan：单元格跨行合并。

例如，<td colspan="4">个人简介</td>表示创建跨 4 列的单元格，即横向合并 4 个单元格为 1 个单元格，并存放内容“个人简介”。在“设计”视图中的操作步骤如下：选中要合并的 4 个单元格，单击鼠标右键，在弹出的快捷菜单中选择“表格”→“合并单元格”命令，如图 6-10 所示。

图 6-10 合并横向单元格

如果要合并纵向单元格，则可以选中要合并的纵向单元格，单击鼠标右键，在弹出的快捷菜单中选择“表格”→“合并单元格”命令，如图 6-11 所示。

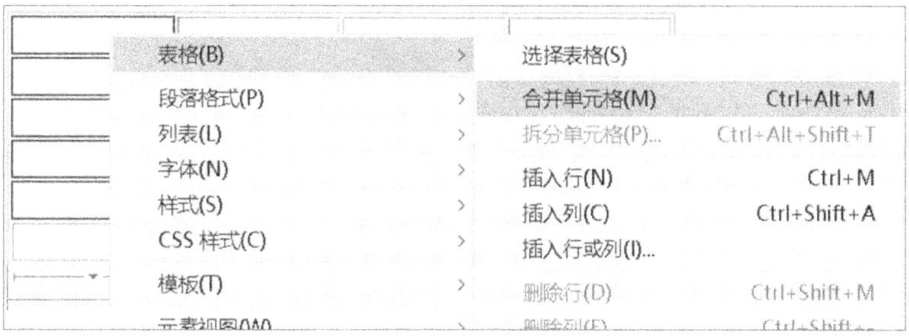

图 6-11 合并纵向单元格

在代码中，显示为<td rowspan="5"></td>，表示创建跨 5 行的单元格，需要注意的是，在后面 4 行中，不用再定义相应的单元格。

下面的例子使用表格展示了食物含糖量百分比，如图 6-12 所示。

合并单元格

在表格中，第 1 行对 3 个单元格进行了合并列操作，并写入标题，代码为<td colspan="3" align="center">食物含糖量百分比</td>。第 2 行第 1 个单元格进行了合并行操作，代码为<tdrowspan="3">水果</td>，跨行合并了 3 个单元格，因此接下来的 2 行，每行只有 2 个单元格。

食物含糖量百分比		
水果	苹果	13%
	香蕉	19.5%
	西瓜	4%
干果	葡萄干	36.2%
	干枣	72.4%

图 6-12 食物含糖量百分比

```
<table width="300" border="1">
  <tr>
    <td colspan="3" align="center">食物含糖量百分比</td>
  </tr>
  <tr>
    <td rowspan="3">水果</td>
    <td >苹果</td>
    <td >13%</td>
  </tr>
  <tr>
    <td>香蕉</td>
    <td>19.5%</td>
  </tr>
  <tr>
    <td>西瓜</td>
    <td>4%</td>
  </tr>
  <tr>
    <td rowspan="2">干果</td>
    <td>葡萄干</td>
    <td>36.2%</td>
  </tr>
  <tr>
    <td>干枣</td>
    <td>72.4%</td>
  </tr>
</table>
```

6.3 表格应用实例

6.3.1 制作最新热曲榜页面

制作最新热曲榜页面

本例使用表格制作最新热曲榜页面。

该页面包含一张6行3列的表格，其中第1行将3个单元格合并，从第3行开始，将第3列的单元格向下合并为1个单元格，用于存放图片。具体操作步骤如下。

（1）新建页面index.html，在页面中插入6行3列的表格，将表格宽度设置为自动，不设置具体的值，边框粗细设置为1px。插入表格后，在表格“属性”面板中设置表格对齐方式（Align）为“居中对齐”，如图6-13所示。

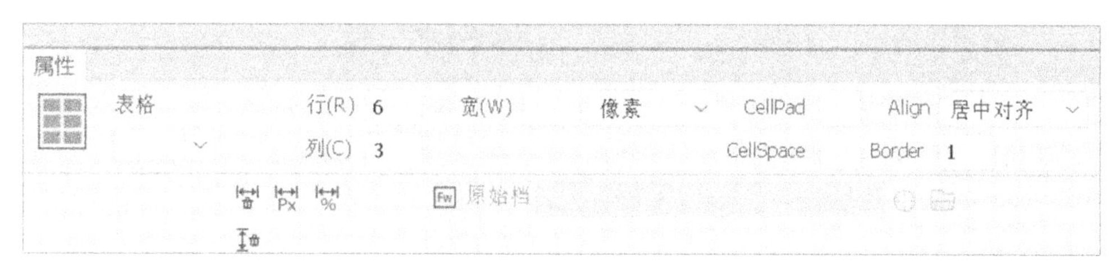

图 6-13　设置表格对齐方式为“居中对齐”

（2）在单元格中输入相应内容，如图 6-14 所示。

排名	歌曲名	听歌
1	《孤勇者》	
2	《歌者》	
3	《我愿》	
4	《练习》	

图 6-14　输入内容

（3）选中第 1 行，单击鼠标右键，在弹出的快捷菜单中选择“表格”→“合并单元格”命令，将第 1 行的 3 个单元格合并，并输入内容“最新热曲榜”，代码为<td colspan="3">最新热曲榜</td>，colspan 属性用于合并多列单元格。同时，将“听歌”下方的 4 个单元格合并，并插入图片，代码为<td rowspan="4"><img src="images/liu.jpg" alt=""/></td>，rowspan 属性用于合并多行单元格。

（4）新建样式类.biaoti，设置字体、字号和字体颜色，并将内容设置为居中显示，应用于第 1 个单元格。同时，将每个单元格的内容设置为居中显示，代码为 td{text-align:center}。最新热曲榜页面效果如图 6-15 所示。

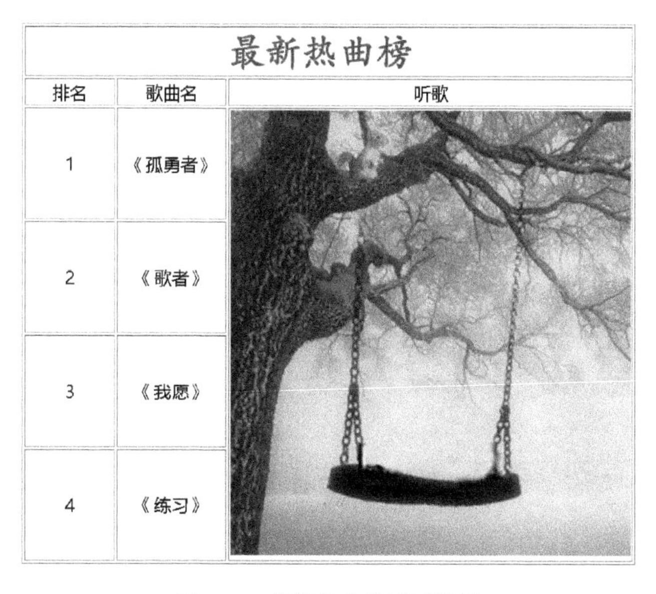

最新热曲榜		
排名	歌曲名	听歌
1	《孤勇者》	
2	《歌者》	
3	《我愿》	
4	《练习》	

图 6-15　最新热曲榜页面效果

（5）设置表格只显示外边框线，在表格内部设置水平分隔线，这可以使用表格的 frame 属性和 rules 属性来实现。在本例中，设置 frame="box"，表示只显示表格 4 条外边框线，同时设置 rules="rows"，即设置水平分隔线，隐藏垂直分隔线。frame 属性和 rules 属性及其取值如表 6-1 所示。

表 6-1　frame 属性和 rules 属性及其取值

属性	取值及说明
frame	void：不显示表格最外围的边框线（默认值）
	box：定义边框显示在外侧
	border：同时显示 4 条边框线
	above：只显示顶部边框线
	lhs：只显示左侧边框线
	rhs：只显示右侧边框线
	below：只显示底部边框线
	hsides：只显示水平方向上的 2 条边框线
	vside：只显示垂直方向上的 2 条边框线
rules	all：垂直分隔线和水平分隔线都显示（默认）
	none：垂直分隔线和水平分隔线都不显示
	cols：显示垂直分隔线
	rows：显示水平分隔线
	groups：为行组或者列组设置边框，需要用<tbody>标签分组查看

设计该页面的代码如下。

```
<body>
  <table border="1" align="center" frame="box" rules="rows">
    <tbody>
      <tr>
        <td colspan="3" class="biaoti" >最新热曲榜</td>
      </tr>
      <tr>
        <td >排名</td>
        <td >歌曲名</td>
        <td >听歌</td>
      </tr>
      <tr>
        <td >1</td>
        <td>《孤勇者》</td>
        <td rowspan="4"><img src="images/liu.jpg"  alt=""/></td>
      </tr>
      <tr>
        <td >2</td>
```

```
      <td>《歌者》</td>
    </tr>
    <tr>
      <td >3</td>
      <td>《我愿》</td>
    </tr>
    <tr>
      <td>4</td>
      <td>《练习》</td>
    </tr>
  </tbody>
 </table>
</body>
```

标题文字“最新热曲榜”的样式.biaoti 及 td 的样式如下。

```
.biaoti {
   font-family: "楷体";
   font-weight: bold;
   text-align: center;
   font-size: xx-large;
   color: #4324CD;
}
td{text-align: center;}
```

下面对表格边框格式做一些改动，使用 border-spacing 属性定义单元格的间距。该属性的语法格式如下。

```
border-spacing:length;
```

其中，length 为数值，可以是一个值或者两个值，例如，border-spacing:10px，表示单元格之间的行间距为 10px；border-spacing:10px 15px，表示单元格之间的行间距为 10px，单元格之间的列间距为 15px。

在上述基础上，删除表格标签中的 frame="box" rules="rows"，新的表格标签中的内容为<table width="600" border="1" align="center" >。

在样式表中，添加如下样式。

```
table{
      border-spacing: 10px 15px;
   }
```

最终效果如图 6-16 所示。

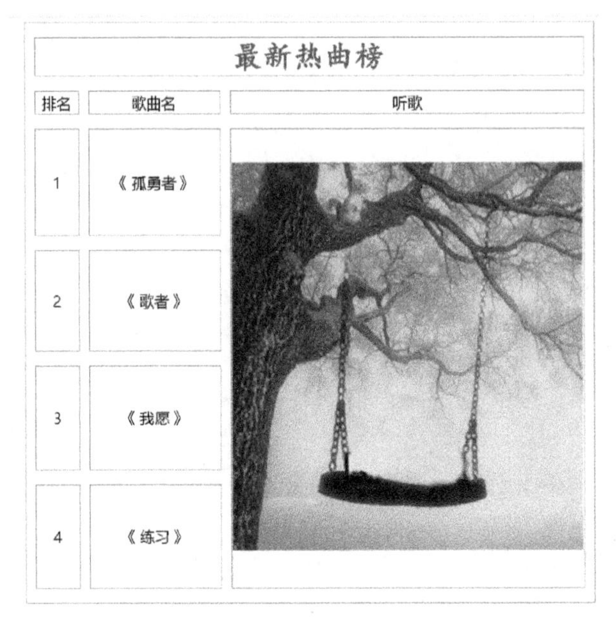

图 6-16 最新热曲榜页面最终效果

6.3.2 设计统计数据表格

设计统计数据表格

图 6-17 所示为某公司的项目进度汇总情况。

活动	计划开始	计划工期/天	实际开始	实际工期/天	完成百分比	审核人	执行人
项目1	1	5	1	4	100%	王	周
项目2	1	6	2	5	30%	王	周
项目3	2	4	2	4	100%	李	钱
项目4	4	8	4	9	20%	李	钱
项目5	4	2	5	1	50%	李	钱
项目6	5	3	5	3	20%	王	孙
项目7	6	4	4	3	20%	王	孙
项目8	5	2	5	1	25%	王	孙
项目9	6	1	5	1	100%	王	孙
项目10	4	1	3	2	50%	王	张

图 6-17 某公司的项目进度汇总情况

该表格以淡蓝色色调为主，设置了边框线并设置了字体颜色为灰色，同时设置了隔行的背景颜色，以提高用户的阅读体验。其制作过程如下。

（1）建立 11 行 8 列的表格，不设置表格宽度，在表格里面依次输入表头内容<th>，以及各单元格内容，具体代码如下。

```
<table>
    <tr>
      <th>活动</th>
      <th>计划开始</th>
```

```
    <th>计划工期/天</th>
    <th>实际开始</th>
    <th>实际工期/天</th>
    <th>完成百分比</th>
    <th>审核人</th>
    <th>执行人</th>
  </tr>
  <tr>
    <td>项目 1</td>
    <td>1</td>
    <td>5</td>
    <td>1</td>
    <td>4</td>
    <td>100%</td>
    <td>王</td>
    <td>周</td>
  </tr>
  <tr>
    <td>项目 2</td>
    <td>1</td>
    <td>6</td>
    <td>2</td>
    <td>5</td>
    <td>30%</td>
    <td>王</td>
    <td>周</td>
  </tr>
  <tr>
    <td>项目 3</td>
    <td>2</td>
    <td>4</td>
    <td>2</td>
    <td>4</td>
    <td>100%</td>
    <td>李</td>
    <td>钱</td>
  </tr>
  <tr>
    <td>项目 4</td>
    <td>4</td>
    <td>8</td>
```

```
    <td>4</td>
    <td>9</td>
    <td>20%</td>
    <td>李</td>
    <td>钱</td>
  </tr>
  <tr>
    <td>项目 5</td>
    <td>4</td>
    <td>2</td>
    <td>5</td>
    <td>1</td>
    <td>50%</td>
    <td>李</td>
    <td>钱</td>
  </tr>
  <tr>
    <td>项目 6</td>
    <td>5</td>
    <td>3</td>
    <td>5</td>
    <td>3</td>
    <td>20%</td>
    <td>王</td>
    <td>孙</td>
  </tr>
  <tr>
    <td>项目 7</td>
    <td>6</td>
    <td>4</td>
    <td>4</td>
    <td>3</td>
    <td>20%</td>
    <td>王</td>
    <td>孙</td>
  </tr>
  <tr>
    <td>项目 8</td>
    <td>5</td>
    <td>2</td>
    <td>5</td>
```

```
    <td>1</td>
    <td>25%</td>
    <td>王</td>
    <td>孙</td>
  </tr>
  <tr>
    <td>项目 9</td>
    <td>6</td>
    <td>1</td>
    <td>5</td>
    <td>1</td>
    <td>100%</td>
    <td>王</td>
    <td>孙</td>
  </tr>
  <tr>
    <td>项目 10</td>
    <td>4</td>
    <td>1</td>
    <td>3</td>
    <td>2</td>
    <td>50%</td>
    <td>王</td>
    <td>张</td>
  </tr>
</table>
```

（2）设置表格样式的代码如下。

```
table{
      table-layout: fixed;              /*固定表格布局*/
      empty-cells: show;                /*显示空单元格*/
      margin:0 auto;                    /*居中对齐*/
      border-collapse: collapse;        /*合并边框*/
      border:1px solid #cad9ea;
      color: #666;
      font-size: 12px;
  }
```

（3）设置 th、td 和 tr 样式的代码如下。

```
th{
      background-color: azure;
```

```
        height: 30px;
}
td{
        height:20px;
}
td,th{
        border: 1px solid #cad9ea;
        pading: 0 1em 0;
}
tr:nth-child(odd){
        background-color:#c0c0c0;       /*设置奇数行背景颜色*/
    }
```

这样就完成了表格内容的制作。一般在对大量数据进行统计时，表格是较好的数据统计显示方式，使用浅蓝色或浅绿色等颜色适当设置表格隔行的背景，可以缓解用户眼睛疲劳，同时提高内容的分辨度，这是目前常用的方法。

6.3.3　表格综合布局

本例使用表格实现个人主页布局（见图 6-18）。该表格由 4 行 4 列组成，第 1 行显示标题文字，第 2 行显示导航信息，第 3 行使用水平线分隔，第 4 行合并单元格后，再插入 1 张 3 行 2 列的表格进行布局。

使用表格实现个人主页布局

图 6-18　使用表格实现个人主页布局

使用表格实现页面布局的步骤如下。

（1）新建页面 index.html，在页面中插入一张 4 行 4 列的表格，将表格宽度设置为 800px，并设置为居中对齐。

（2）合并第 1 行的 4 个单元格，输入内容“我的个人站点”。

（3）在第 2 行的 4 个单元格中分别输入导航内容。

（4）合并第 3 行的 4 个单元格，选择“插入”→“HTML”→“水平线”命令，插入水平线<hr/>，并设置水平线的颜色为白色，高度为 2px，代码为<hr size="2" color=#FFFFFF />。

（5）合并第 4 行的 4 个单元格，插入一张 3 行 2 列的表格，将表格宽度设置为 600px，并设置为居中对齐。在第 1 行的第 1 个单元格中插入图片，在第 2 个单元格中输入相应的文字内容；合并第 2 行的 2 个单元格，输入“推荐图片”；合并第 3 行的 2 个单元格，插入 4 张图片。

（6）设置 body 的样式，定义背景图片，并设置字体颜色为白色，具体代码如下。

```
body {
   background-image: url(img/bg.jpg);
   color: #ffffff;
}
```

（7）建立类.t1 和.t2，用于设置两张表格的样式，具体代码如下。

```
.t1 {
      width: 800px;
      border: solid #ffffff 6px;
      background-color: #abcedf;
      margin: auto;
}
.t2 {
      background-color: #ffffff;
      margin: auto;
      width:600px;
}
```

（8）建立类.d1，用于设置导航单元格的样式，具体代码如下。

```
.d1 {
   font-family: "楷体_GB2312";
   font-size: 18px;
   text-align: center;
   width:25%;
}
```

（9）使用 h1 设置标题样式，建立.p1 类，用于设置除导航和标题外的文本样式，具体代码如下。

```
h1 {
    font-family: "楷体_GB2312";
    font-size: 46px;
    text-align: center;
    color: #FFF;
}
.p1 {
    font-family: "楷体_GB2312";
    font-size: 18px;
    color: #000;
}
```

（10）设置表格只显示外边框线，不显示内边框线，可设置 frame="box"，rules="none"，完整代码为<table class="t1" frame="box" rules="none">。

（11）为最下方的 4 张图片，使用<marquee>标签设置图片滚动效果。

设计网页的完整代码如下。

```
<body>
    <table  class="t1" frame="box" rules="none">
      <tr>
         <td height="97" colspan="4" ><h1>我的个人站点</h1></td>
      </tr>
      <tr>
         <td class="d1">主页</td>
         <td class="d1">站长简介</td>
         <td class="d1">照片</td>
         <td class="d1">给我留言</td>
      </tr>
      <tr>
         <td colspan="4" ><hr size="2" color=#FFFFFF /></td>
      </tr>
      <tr>
         <td colspan="4" >
          <table class="t2" >
            <tr>
             <td width="50%" ><img src="img/p8.jpg" width="300" height="225" /></td>
             <td ><p class="p1">welcome</p> <p class="p1">欢迎光临我的个人家园</p></td>
            </tr>
```

```
        <tr>
          <td height="147" colspan="2" > <p class="p1">推荐图片</p>
          <marquee behavior="scroll" direction="left" >
          <img src="img/p1.jpg" width="192" height="120" />
          <img src="img/p3.jpg" width="192" height="120" />
          <img src="img/p4.jpg" width="174" height="120" />
          <img src="img/p5.jpg" width="192" height="120" />
          </marquee>
          </td>
        </tr>
      </table>
    </td>
  </tr>
</table>
</body>
```

6.4 小结

本章详细介绍了与表格相关的标签及这些标签的使用、表格的属性设置、单元格及行的属性设置、表格的创建和编辑，以及表格的嵌套等内容。利用单元格的 rowspan 和 colspan 属性，可以实现单元格跨行和跨列的合并，为表格布局设置丰富的效果。

表格是存储数据的最佳模型，在当前的标准网页布局中，表格主要负责组织和显示数据，而网页布局更多采用的是 DIV+CSS 的布局方式，这一部分内容将在第 8 章中详细讲解。

6.5 思考与练习

1. 思考题

（1）表格的属性 cellspacing 和 cellpadding 的区别是什么？

（2）表格的适用范围有哪些？

（3）如何设置表格属性，使其只显示外边框线？

2. 操作题

（1）使用表格创建一个本学期的课程表页面，参考效果如图 6-19 所示。

（2）完成如图 6-20 所示的个人热曲榜页面的制作。

图 6-19　课程表参考效果

个人热曲榜		
排名	歌曲名	歌手
1	《孤勇者》	陈奕迅
2	《哪里都是你》	队长
3	《与我无关》	阿冗
4	《世界那么大还是遇见你》	刘亦泽
5	《夏天的风》	温岚
6	《隔岸》	鸾音社
7	《一个俗人》	刘轩瑞
8	《往后余生》	马良

图 6-20　个人热曲榜页面

第7章 超链接与内联框架

网站上的各个资源，包括网页、图片、文件、视频等，必须通过超链接建立相互关联，才能形成真正意义上的一个站点。因此，超链接是网站的一个核心元素，是指从一个网页指向一个目标的链接关系，这个目标可以是另一个网页，也可以是相同网页上的不同位置，还可以是图片、电子邮箱地址、文件等。

当浏览者单击已经添加超链接的文字或图片后，链接目标将显示在浏览器上，并且根据目标的类型来打开或运行。内联框架是一种特殊的超链接显示方式，它允许用户指定超链接的显示框架位置，是一种非常灵活的布局方式。

本章围绕超链接与内联框架，主要讲述以下内容。

（1）创建超链接。

（2）超链接类型。

（3）超链接属性。

（4）超链接动态效果设置。

（5）内联框架。

7.1 创建超链接

7.1.1 超链接标签和属性

建立超链接的 HTML 标签是<a>，它可以指向网络上的任何资源：一个 HTML 页面、一幅图像、一个音频或视频文件。其基本语法格式为<a href="" title="" target="">超链接内容</a>。

各项内容说明如下。

（1）<a>标签表示超链接开始，</a>标签表示超链接结束。

（2）href 属性表示要链接到的目标地址，可以链接到网页或者其他文件地址，既可以是绝对地址，也可以是相对地址。

（3）title 属性用于显示指向目标超链接时的提示信息。

（4）target 属性用于指定打开目标链接的窗口，默认为原窗口，其主要属性值如下。

① target="_self"：在被单击的同一个框架或窗口中显示目标文档（默认）。

② target="_blank"：在一个新窗口中载入目标文档。

③ target="_parent"：在父框架或父窗口中载入目标文档。

④ target="_top"：在窗口主体中载入目标文档。

其中，_self、_parent、_top 这 3 个值一般与<iframe>框架一起使用。

在下面的例子中，为文字“电子工业出版社”设置了超链接，单击“电子工业出版社”超链接，将在当前窗口中显示电子工业出版社主页。具体代码如下。

```
<a href="https://www.phei.com.cn/"  title="打开电子工业出版社主页">电子工业出版社</a>
```

在下面的例子中，单击“电子工业出版社”超链接，将在新窗口中打开电子工业出版社主页。具体代码如下。

```
<a href="https://www.phei.com.cn/"  target="_blank">电子工业出版社</a>
```

7.1.2 超链接路径

在建立超链接时，属性 href 指定了要链接到的目标地址，这个目标地址称为超链接路径。常见的超链接路径表示方法有以下 3 种。

（1）绝对路径。绝对路径是指包括服务器协议在内的完全路径，必须使用绝对路径才能链接到其他服务器上的文档，如 https://www.phei.com.cn/xwzx/2023-09-22/1473.shtml。

外部超链接一般使用绝对路径表示。

（2）相对路径。相对路径是指以当前网页所在文件夹为基础来计算的路径。相对路径对于大多数 Web 站点的本地链接来说，是最适用的路径。

在使用相对路径时，需要保证链接对象和当前文档的相对位置不发生变化。

例如，已知站点 web1 的文档目录结构如图 7-1 所示，当前页面为 D:/web1/self/me.html。

如果要链接到 main.html 页面，由于该页面和当前页面在同一个目录下，因此可以直接使用 href="main.html"。

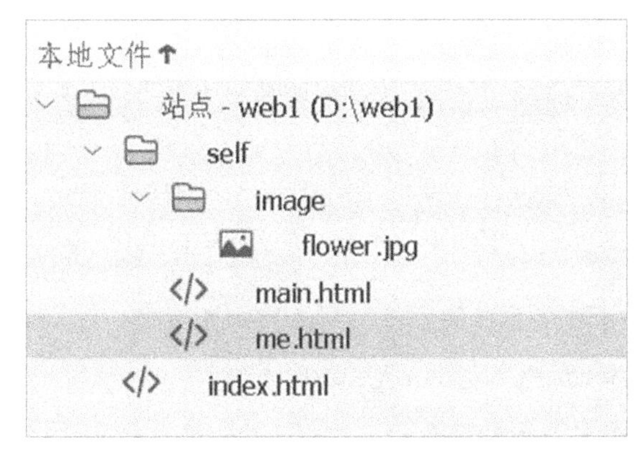

图 7-1 站点 web1 的文档目录结构

如果要链接到图片 flower.jpg，由于该图片位于与当前页面目录同级别的 image 文件夹中，因此使用 href="image/flower.jpg"。

如果要链接到 index.html 文件，由于该文件位于上一级目录中，因此需要使用 href="../index.html"，其中"../"表示上一级目录。

（3）根路径。根路径表示所有路径从本地站点这个根目录开始算起。例如，当前站点（根目录）为 D:/web1，则 D:/web1/a.html 可以直接写成/a.html，根路径一般不建议使用。

超链接类型主要包括外部超链接和内部超链接。外部超链接指的是跳转到本站点之外资源的超链接，一般使用绝对路径。内部超链接指的是本站点内的页面之间的相互跳转，一般使用相对路径。

7.2 超链接类型

超链接类型主要包括书签（命名锚记）超链接，图片热点超链接等。

7.2.1 书签超链接

建立书签超链接

书签超链接也称为命名锚记超链接，对于一个长 HTML 文档来说，如果要马上定位到一个具体的位置，则可以在这个位置上插入一个 HTML 文档的书签，之后通过超链接可以直接跳转到这个位置，这样的超链接称为书签超链接。

书签超链接是在一个 HTML 文档内部进行的，使用超链接<a href="" id=""></a>中的 id 属性来定义书签的名称。需要注意的是，书签不会以任何特殊方式显示，它对读者是不可见的。

当使用书签时，我们可以创建直接跳至该书签（比如页面中的某个小节）的超链接，这样使用者就无须不停地滚动页面来寻找他们需要的信息了。建立书签超链接的步骤如下。

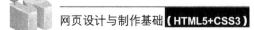

（1）为目标位置建立一个书签，具体代码如下。

```
<a id="书签名称"></a>
```

（2）插入超链接，并链接到具体位置，具体代码如下。

```
<a href="#书签名称">超链接标题</a>
```

图 7-2 所示为唐代著名诗人介绍页面。

该页面介绍了四位唐代著名的诗人，即李白、杜甫、白居易和王维，由于是一个长页面，用户需要通过滚动鼠标来定位到页面的某个部分，为了便于用户实现快速跳转阅读，可以在页面顶部设置超链接，分别链接到李白、杜甫、白居易和王维的简介位置，这就是书签超链接。

唐代著名诗人介绍

李白
杜甫
白居易
王维

李白简介

李白，字太白，号青莲居士，又号“谪仙人”，唐代伟大的浪漫主义诗人，被后人誉为“诗仙”。

李白有《李太白集》传世，诗作多是在醉时写的，代表作有《望庐山瀑布》《行路难》《蜀道难》《将进酒》《早发白帝城》等。

李白所作词赋，宋人已有传记（如文莹《湘山野录》卷上），就其开创意义及艺术成就而言，“李白词”享有极为崇高的地位。

返回顶部

图 7-2　唐代著名诗人介绍页面

杜甫简介

杜甫，字子美，自号少陵野老，唐代伟大的现实主义诗人，与李白合称“李杜”。

杜甫创作了《登高》《春望》《北征》以及“三吏”“三别”等名作。

杜甫在中国古典诗歌中的影响非常深远，被后世尊称为“诗圣”，他的诗被称为“诗史”。后世称其为杜拾遗、杜工部，也称他为杜少陵、杜草堂。

返回顶部

白居易简介

白居易，字乐天，号香山居士，又号醉吟先生，祖籍山西太原。白居易是唐代伟大的现实主义诗人，唐代三大诗人之一。

白居易的诗歌题材广泛，形式多样，语言平易通俗，有“诗魔”和“诗王”之称。官至太子少傅、刑部尚书，封冯翊县侯。

白居易有《白氏长庆集》传世，代表诗作有《长恨歌》《卖炭翁》《琵琶行》等。

返回顶部

图 7-2 唐代著名诗人介绍页面（续）

王维简介

王维，字摩诘，号摩诘居士。河东蒲州（今山西永济）人，祖籍山西祁县。唐代诗人、画家。

王维参禅悟理，精通诗书音画，以诗名盛于开元、天宝间，尤长五言，多咏山水田园，与孟浩然合称“王孟”。其书画特臻其妙，后人推其为“南宗山水画之祖”。著有《王右丞集》《画学秘诀》，存诗约400首。

返回顶部

图 7-2　唐代著名诗人介绍页面（续）

设计该页面书签超链接的主要代码如下。

```
<html>
<head>
<meta charset="utf-8">
<title>唐代著名诗人介绍</title>
<style>
 p{text-indent:2em;}
</style>
</head>
<body>
    <h2><a id="top">唐代著名诗人介绍</a></h2>
    <a href="#lb">李白</a><br>
    <a href="#df">杜甫</a><br>
    <a href="#bjy">白居易</a><br>
    <a href="#ww">王维</a><br>
    <hr width="60%" align="left">
    <h3><a id="lb">李白简介</a></h3>
    <p>李白，字太白，号青莲居士，又号“谪仙人”，唐代伟大的浪漫主义诗人，被后人誉为“诗仙”。</p>
    <p>李白有《李太白集》传世，诗作多是在醉时写的，代表作有《望庐山瀑布》《行路难》《蜀道难》《将进酒》《早发白帝城》等。<br> 李白所作词赋，宋人已有传记（如文莹《湘山野录》卷上），就其开创意义及艺术成就而言，“李白词”享有极为崇高的地位。</p>
```

```
    <img src="libai.png"/><a href="#top">返回顶部</a>
    <h3><a id="df">杜甫简介</a></h3>
    <p>杜甫，字子美，自号少陵野老，唐代伟大的现实主义诗人，与李白合称“李杜”。</p>
    <p>杜甫创作了《登高》《春望》《北征》以及“三吏”“三别”等名作。<br>杜甫在中国古典诗歌中的影响非常深远，被后世尊称为“诗圣”，他的诗被称为“诗史”。后世称其为杜拾遗、杜工部，也称他为杜少陵、杜草堂。</p>
    <img src="dufu.png"  alt=""/><a href="#top">返回顶部</a>
    <h3><a id="bjy">白居易简介</a></h3>
    <p>白居易，字乐天，号香山居士，又号醉吟先生，祖籍山西太原。白居易是唐代伟大的现实主义诗人，唐代三大诗人之一。</p>
    <p>白居易的诗歌题材广泛，形式多样，语言平易通俗，有“诗魔”和“诗王”之称。官至太子少傅、刑部尚书，封冯翊县侯。<br>白居易有《白氏长庆集》传世，代表诗作有《长恨歌》《卖炭翁》《琵琶行》等。</p>
    <img src="baijuyi.png"  alt=""/><a href="#top">返回顶部</a>
    <h3><a id="ww">王维简介</a></h3>
    <p>王维，字摩诘，号摩诘居士。河东蒲州（今山西永济）人，祖籍山西祁县。唐代诗人、画家。</p>
    <p>王维参禅悟理，精通诗书音画，以诗名盛于开元、天宝间，尤长五言，多咏山水田园，与孟浩然合称“王孟”。<br>其书画特臻其妙，后人推其为“南宗山水画之祖”。著有《王右丞集》《画学秘诀》，存诗约400首。</p>
    <img src="wangwei.png"  alt=""/><a href="#top">返回顶部</a>
</body>
</html>
```

建立李白简介书签的过程如下。

（1）在标题“李白简介”处，通过添加id的方式，插入书签，代码为<a id="lb">李白简介</a>。

（2）在页面顶部，为“李白”文本插入超链接，链接到第（1）步建立的书签位置，代码为<a href="#lb">李白</a>。

为了便于快速跳转到页面顶部的目录位置，同样在每个部分内容的末尾，可以插入指向目录的超链接。例如，在介绍李白部分的末尾，插入文字“返回顶部”，建立返回顶部目录的超链接，代码为<a href="#top">返回顶部</a>，此时，需要在顶部位置“唐代著名诗人介绍”，插入一个书签，代码为<a id="top">唐代著名诗人介绍</a>。

插入书签后，在“设计”视图中，会有一个相应的书签标记图标，如图7-3所示。

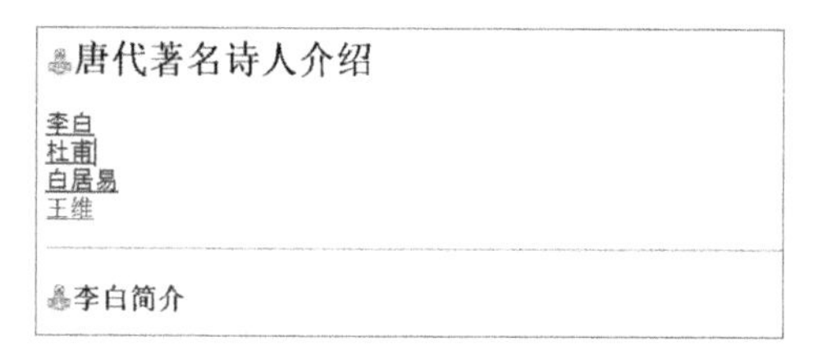

图7-3　书签标记图标

其他部分的书签超链接的设置和上面的设置相同。

7.2.2 图片热点超链接

建立图片热点超链接

图片热点可以为一张图片的多个区域设置不同的超链接。例如，在中国地图中，每个地区的区域分界线是没有规则的，可以设置图片热点，通过单击每个地区的热点，链接到相应的地区，从而起到图片导航的作用。

下面通过一个例子讲解图片热点超链接。

图 7-4（index.html 页面）介绍了两种常见的宠物，里面包含一张图片，单击图片的左侧，即蓝色框区域，就会跳转到介绍小狗的页面 dog.html（见图 7-5），单击图片的右侧，即红色框区域，就会跳转到介绍小猫的页面 cat.html（见图 7-6）。

图 7-4　index.html 页面

图 7-5　dog.html 页面

图 7-6　cat.html 页面

建立图片热点超链接的操作步骤如下。

（1）新建页面，命名为 index.html，在页面中插入标题和图片，如图 7-7 所示。

图 7-7　插入标题和图片

（2）单击图片，在“属性”面板中显示图片属性，在左下方“地图”处，选择绘制热点的形状，包括矩形、圆形和多边形，如图 7-8 所示。

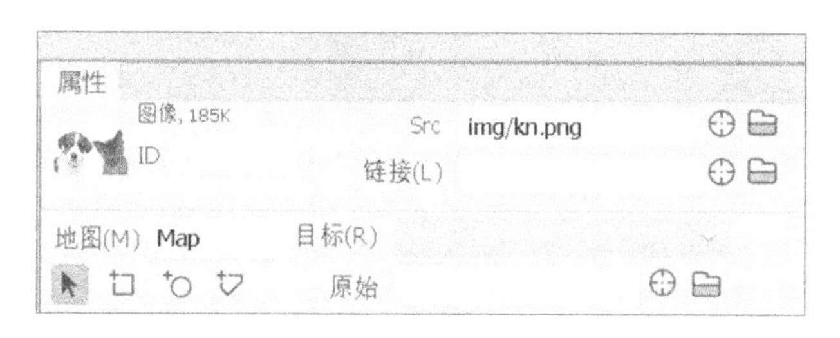

图 7-8　图片“属性”面板

（3）单击“矩形”按钮，将鼠标指针移动到图片上，此时鼠标指针就变成了十字形状，在需要添加超链接的地方（即图片左侧）画一个矩形。添加热点后的图片区域会出现一个浅蓝色蒙版，意味着该区域已经添加了热点，如图 7-9 所示。

图 7-9　绘制热点区域

给热点区域添加超链接：热点区域绘制好以后，下面的“属性”面板中就会变成该热点区域的属性，在“链接”文本框右侧单击“文件夹”图标，选择超链接的对象为介绍小狗的页面 dog.html，如图 7-10 所示。

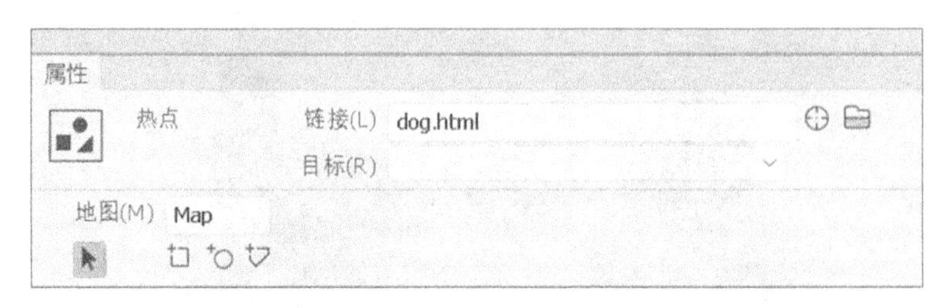

图 7-10　给热点区域添加超链接

（4）使用相同的方法，为右侧图片小猫，添加热点超链接，链接到 cat.html 页面。

如果需要修改热点区域，或者需要进行微调，则可以单击热点区域，热点区域四周会出现浅蓝色的点。将鼠标指针放在浅蓝色的点上并单击，即可调整热点区域的大小。

设置插入图片及热点，具体代码如下。

```
<table width="600" border="0" align="center" cellpadding="0" cellspacing="0">
  <tr>
    <td><h1>人类的好朋友</h1></td>
  </tr>
  <tr>
    <td align="center"><img src="img/kn.png"  usemap="#Map"
    border="0" /></td>
  </tr>
</table>
<map name="Map" id="Map">
  <area shape="rect" coords="284,3,505,391" href="cat.html" />
  <area shape="rect" coords="4,3,283,393" href="dog.html" />
</map>
```

在上述代码中，图片中的 usemap="#Map"，表示使用了地图，地图的 id 为 Map。在<map>标签中定义了该地图的热点。

<area>标签用于定义图像映射中的区域，其主要属性有如下两个。

（1）shape：规定区域的形状，有圆形（cir 或 circle）、多边形（poly 或 polygon）、矩形（rect 或 rectangle）。

（2）coords：规定区域的 x 和 y 坐标值。将 coords 属性与 shape 属性配合使用来规定区域的尺寸、形状和位置。shape 的类型主要包括以下几类。

① 矩形：shape="rect" coords="x1,y1,x2,y2"，其中，x1,y1 用于定义矩形左上角的坐标，x2,y2 用于定义矩形右下角的坐标。

② 圆形：shape="circle" coords="x,y,r"，其中，x,y 表示圆心坐标，r 表示圆的半径。

③ 多边形：shape="ploygon" coords="x1,y1,x2,y2,x3,y3..."，每一对 x,y 定义了多边形的一个顶点。

7.3 超链接属性

超链接是跳转到另一个页面的入口，当把鼠标指针移动到超链接上时，其会有颜色或者样式的改变，可以使用 CSS 属性样式重新设置超链接的颜色。比如更改超链接的默认颜色、当鼠标指针移动到超链接上时的颜色、单击鼠标跳转之后超链接的颜色等，具体超链接的样式主要分为以下几种。

（1）a:link：定义正常超链接的样式。

（2）a:visited：定义被访问过的超链接的样式。

（3）a:hover：定义鼠标指针经过时的样式。

（4）a:active：定义超链接被激活时的样式。

下面的例子定义了正常超链接和被访问过的超链接的样式相同，均为蓝色、有下画线；鼠标指针经过时和超链接被激活时的样式相同，均为黑色、加粗、无下画线，具体代码如下，其效果如图 7-11 所示。

```
a:link,a:visited {
    color:#0000FF;
    text-decoration:underline;
}
a:hover,a:active {
    color:#000000;
    text-decoration:none;
}
```

图 7-11 超链接效果

7.4 超链接动态效果设置

超链接动态按钮制作

7.4.1 超链接动态按钮制作

下面的例子实现了超链接动态按钮的制作，当鼠标指针放置在按钮上时，按钮会显示凹陷效果，单击该按钮后跳转到相应的页面，如图 7-12 所示。

图 7-12　超链接动态按钮制作

按钮的凹陷效果，通过边框线、背景、文本位置的改变来实现。实现如图 7-12 所示效果的操作步骤如下。

（1）新建一个页面，命名为 index.html。

（2）在页面中输入相应文本内容，并设置超链接，具体代码如下。

```
<body>
   <a href="shouye.html">主页</a>
   <a href="jianjie.html">简介</a>
   <a href="xiangce.html">相册</a>
   <a href="wenda.html">问答</a>
</body>
```

（3）在<head></head>区域中，建立<style type="text/css"></style>，在<style></sytle>区域中，设置页面背景颜色为灰色，同时设置超链接的基本样式，具体代码如下。

```
body{
   background-color:#AAA;
}
a{        /* 统一设置超链接的基本样式 */
   font-family: Arial;
   font-size: .8em;
   text-align:center;
   margin:3px;
}
```

（4）设置正常超链接、被访问过的超链接的样式，具体代码如下。

```
a:link, a:visited{
   color: #A62020;
   padding:4px 10px 4px 10px;
   background-color: #DDD;
   text-decoration: none;
   border-top: 1px solid #EEEEEE;        /* 上边框和左边框为灰白 */
   border-left: 1px solid #EEEEEE;
   border-bottom: 1px solid #686868;     /* 右边框和下边框为深灰 */
```

```
    border-right: 1px solid #686868;
}
```

（5）设置鼠标指针经过时的超链接样式，具体代码如下。

```
a:hover{
    color:#821818;                      /* 改变文本颜色 */
    padding:5px 8px 3px 12px;           /* 改变文本位置 */
    background-color:#CCC;              /* 改变背景颜色 */
    border-top: 1px solid #686868;      /* 边框变换，实现按钮被按下后“凹下去”的效果*/
    border-left: 1px solid #686868;
    border-bottom: 1px solid #EEEEEE;
    border-right: 1px solid #EEEEEE;
}
```

在本例中，当鼠标指针经过按钮时，文本颜色较原来变深，同时，文本稍微靠右下显示，边框颜色发生变化，整体效果为：当鼠标指针经过时，按钮凹下去，有动态的“按下去”的效果。

7.4.2 超链接图片效果

超链接图片效果

下面的例子实现了超链接图片效果。图片初始效果如图 7-13 所示，当鼠标指针经过图片时，显示红色相框，效果如图 7-14 所示，单击该图片跳转到大图显示的效果如图 7-15 所示。

图 7-13 图片初始效果

图 7-14 鼠标指针经过时的效果

图 7-15 单击超链接图片跳转到大图显示的效果

实现上述效果的操作步骤如下。

（1）在网页中插入 3 张图片，并为其设置超链接，代码如下。

```
<body>
<a href="Images/002.jpg" ><img src="Images/s002.jpg"/></a>
<a href="Images/004.jpg" ><img src="Images/s004.jpg"/></a>
<a href="Images/005.jpg" ><img src="Images/s005.jpg"/></a>
</body>
```

（2）设置超链接的样式。从图 7-13 中可以看出，每个超链接包含的图片外面都有一个白色的相框，这个相框用的是一张白色中间带边框的背景图片，这可以在超链接中设置，代码为 background:url(Images/imgbg1.jpg)。同时，需要把超链接设置为块级元素，代码为 display:block，这样可以把超链接的范围扩展到整张图片，另外，定义图片在超链接这个块级元素里面的位置，代码为 padding:34px 14px 36px 11px，将超链接设置为块级元素后，每个块级元素单独占据一行，因此，需要设置浮动，代码为 float:left;，使 3 个超链接包含的图片并排放置。具体代码如下。

```
a{
   display: block;                    /*将超链接定义为块级元素*/
   padding:34px 14px 36px 11px;       /*设置超链接里面图片的位置*/
   background:url(Images/imgbg1.jpg) norepeat;
   float: left;                       /*设置图片并排放置*/
}
```

设置好之后，在编辑界面中的效果如图 7-16 所示。

图 7-16　设置超链接后的效果

（3）设置图片的样式，主要设置图片的宽度、高度及边距。具体代码如下。

```
img{
   border:none;
   margin:0px;
   height:90px;
   width:135px;
}
```

（4）设置鼠标指针经过时的效果，更改背景图片即可。

```
a:hover{
    background:url(Images/imgbg2.jpg) no-repeat;
}
```

7.5 内联框架

内联框架

早期版本的 HTML 使用框架集<frameset>和内联框架<iframe>来进行网页布局，HTML5 已不支持框架集的设置，但仍然保留对内联框架<iframe>的支持。

内联框架用于向当前页面中引入一个其他页面，通过使用<iframe>框架，可以在同一个浏览器窗口中显示多个页面。

使用内联框架的方法很简单，只需在相应的位置，插入<iframe>标签，并设置相应的属性即可。例如，下面的内联框架将 163 的主页显示在相应位置。

```
<iframe src="www.163.com.cn" name="163" width="60%" height="800px" frameborder=
"1"></iframe>
```

<iframe>框架包含的主要属性及其说明如下。

（1）src：用来指定要引入的网页的路径。

（2）name：用来定义内联框架的名字。

（3）width：用来定义内联框架的宽度。

（4）height：用来定义内联框架的高度。

（5）noresize：用来规定禁止用户调整边框的大小。

（6）frameborder：用来规定是否显示内联框架的边框，1 表示显示边框，0 表示不显示边框。

（7）scolling：用来规定是否显示滚动条。

（8）marginheight：用来定义<iframe>框架顶部和底部的边距。

（9）marginwidth：用来定义<iframe>框架左侧和右侧的边距。

下面的例子实现了新闻汇总站主页的设计，在左侧导航上有链接到各大新闻网站的超链接，右侧部分显示超链接的内容，效果如图 7-17 所示。

单击“新浪新闻”超链接，右侧显示新浪网页面，如图 7-18 所示。同样地，单击“网易新闻”超链接，将会在右侧显示相应的页面，单击“主页”超链接，显示如图 7-17 所示的初始页面。

图 7-17　新闻汇总站主页设计效果

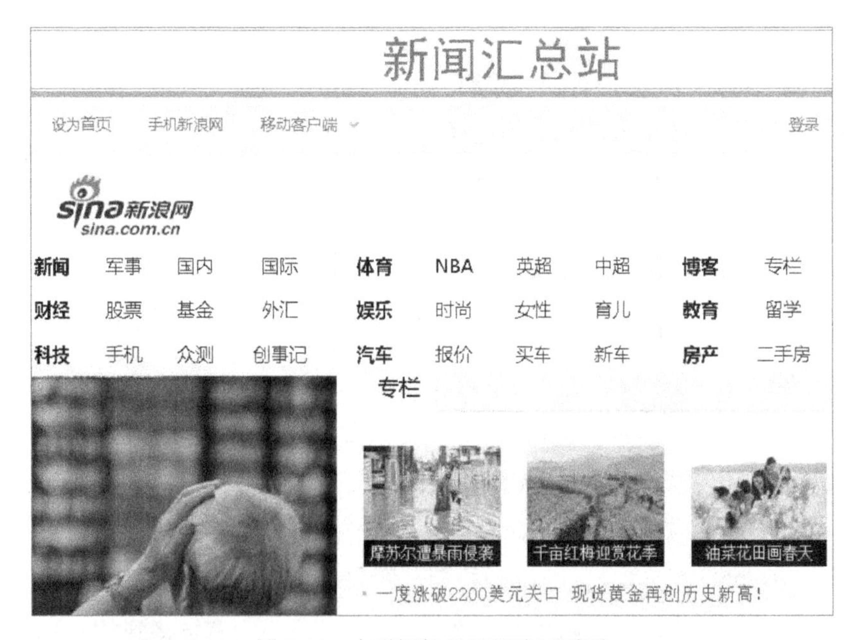

图 7-18　内联框架显示新浪网页面

具体操作步骤如下。

（1）新建一个页面，命名为 index.html。

（2）在页面中插入表格，并在第 1 行中插入标题文字“新闻汇总站”，在第 2 行第 1 个单元格中输入 3 个导航菜单。

（3）在第 2 行的第 2 个单元格中插入内联框架<iframe>，并设置框架的名字、框架的宽度和高度，以及框架初始显示页面，代码为<iframe src="main.html" width="800px"

height="600px" name="ifs"> </iframe>。

（4）为 3 个导航菜单分别设置超链接，并设置超链接目标 target 为内联框架 ifs，例如，设置新浪网的超链接为<p><a href="http://www.sina.com.cn" target="ifs">新浪新闻</a></p>。

<body>部分的代码如下。

```
<body>
 <table  border="1" align="center"  frame="box" rules="rows">
  <tr>
   <td colspan="2" align="center" class="biaoti">新闻汇总站</td>
  </tr>
  <tr>
   <td >
     <p><a href="main.html" target="ifs">主页</a></p>
     <p><a href="http://www.sina.com.cn" target="ifs">新浪新闻</a></p>
     <p><a href="http://www.163.com" target="ifs">网易新闻</a></p>
   </td>
   <td ><iframe src="main.html" width="800px" height="600px"
   name="ifs"> </iframe></td>
  </tr>
 </table>
</body>
```

由于内联框架中的网页不会被搜索引擎检索，因此其使用得不多。

7.6 小结

超链接可以指向网络中的任何资源，可以是一个 HTML 页面、一幅图像、一个音频或视频文件。本章重点介绍了超链接的概念、超链接的路径、超链接属性的设置，以及建立超链接的多种方式，包括书签超链接、图片热点超链接等。

超链接是网页制作中的重要组成部分，它将站点中的各个资源进行有效关联，使其成为一个整体。

7.7 思考与练习

1. 思考题

（1）超链接有哪些类型？

（2）思考图片热点超链接的建立方法。

（3）思考内联框架的使用方法。

2. 操作题

（1）模仿 7.4.1 节的例子，制作超链接动态按钮，效果如图 7-19 所示。

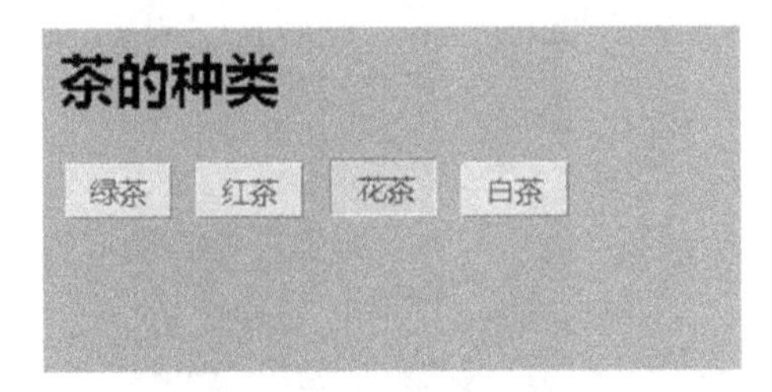

图 7-19　超链接动态按钮效果

（2）建立水果介绍主页，在页面中插入一张图片，该图片包含两种或两种以上的水果，如图 7-20 所示，为不同的水果设置不同的超链接，单击超链接后，能分别链接到相应水果的介绍页面。

图 7-20　水果介绍主页

第8章 DIV+CSS 布局

DIV+CSS 的网页标准化设计是 Web 标准中一种新的布局方式。在这种布局中，DIV 承载的是内容，而 CSS 承载的是样式。使用 DIV+CSS 布局首先在页面整体上使用<div>标签划分内容区域，然后使用 CSS 进行定位，最后在相应的区域中添加内容。

DIV+CSS 布局将网页结构与内容相分离，代码简洁，利于搜索，方便后期的维护和修改，因此，该布局方式是当前网页主流的布局方式。

本章围绕 DIV+CSS 布局，主要讲述以下内容。

（1）盒子模型。

（2）浮动布局。

（3）CSS 定位。

（4）DIV+CSS 布局实例。

8.1 盒子模型

使用盒子模型（DIV+CSS）进行布局，是当前网页主流的布局方式。在盒子模型中，HTML 页面中的元素可看成一个矩形的盒子，即一个盛装内容的容器 DIV，这些内容可以是图片、文本、表格等。每个矩形都由元素的内容（content）、内边距（padding）、边框（border）和外边距（margin）组成，如图 8-1 所示。

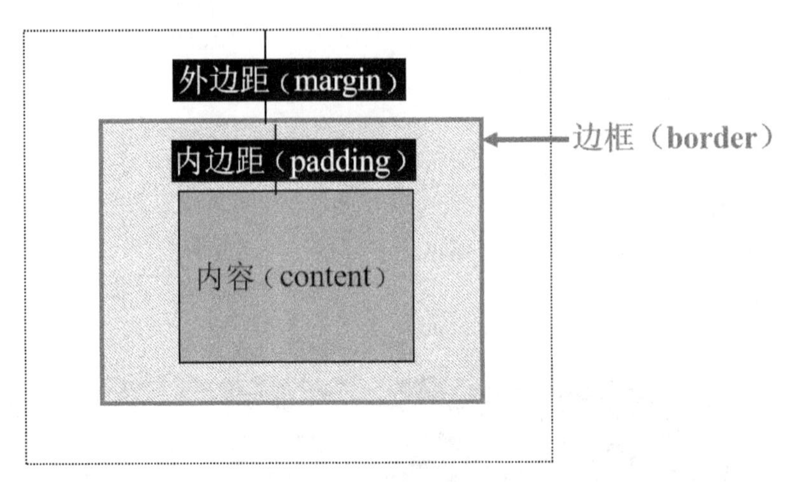

图 8-1　盒子模型

8.1.1　盒子模型的边距

盒子模型的边距分为内边距和外边距，其主要描述如下。

（1）内边距（padding）表示层里面的内容和层边框的间距，有 4 个值，其排列顺序为上、右、下、左，具体设置方法如下。

```
padding-top:上内边距;
padding-right:右内边距;
padding-bottom:下内边距;
padding-left: 左内边距;
padding: 上内边距[右内边距 下内边距 左内边距];
```

例如，设置如图 8-2 所示的层，具体代码如下。

```
padding-top: 20px;
padding-left: 20px;
```

得到如图 8-3 所示的效果，层里面的内容“网页设计基础教程”距离上边框 20px，距离左边框 20px。

图 8-2　层设置

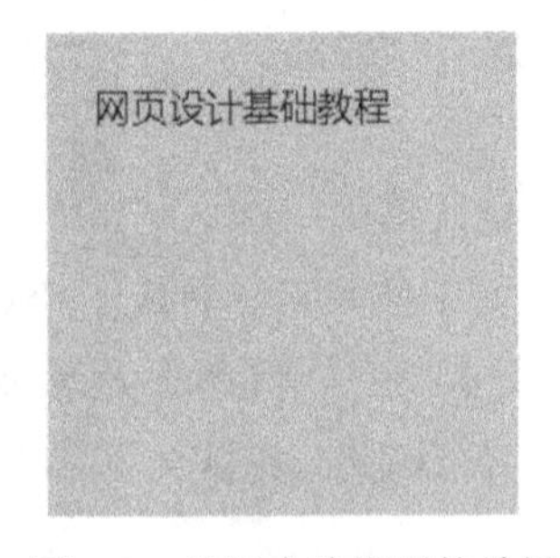

图 8-3　设置内边距后的效果

（2）外边距（margin）表示层和它所在容器的边界的距离，与 padding 一样，有 4 个值，其排列顺序为上、右、下、左，具体设置方法如下。

```
margin-top:上外边距;
margin-right:右外边距;
margin-bottom:下外边距;
margin-left:左外边距;
margin:上外边距[右外边距 下外边距 左外边距];
```

例如，设置 margin 属性的代码如下，其效果如图 8-4 所示。

```
margin-top:50px;
margin-left:0;
```

设置 margin:auto，表示设置 div 为水平居中，效果如图 8-5 所示。

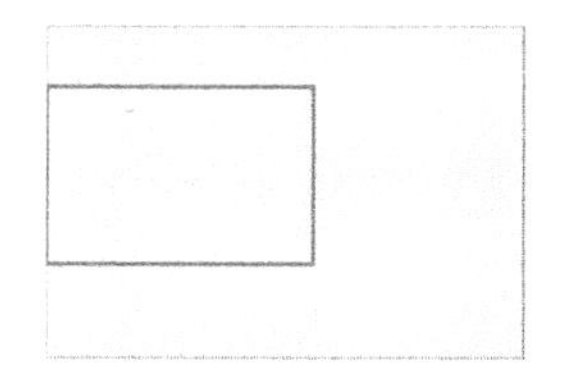

图 8-4　margin-top 设置效果

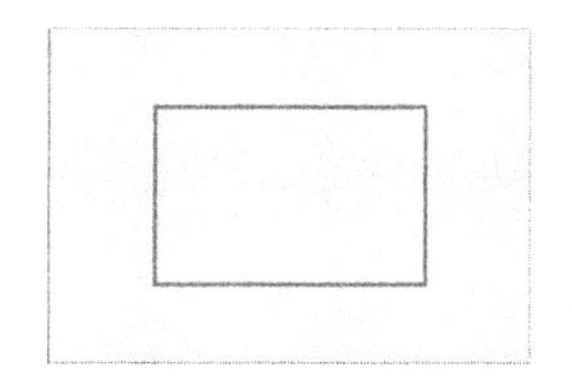

图 8-5　margin:auto 设置效果

margin 的其他设置的代码如下。

```
margin:10px 5px 15px 20px;
```

上述代码表示上外边距是 10px，右外边距是 5px，下外边距是 15px，左外边距是 20px。

```
margin:10px 5px 15px;
```

上述代码表示上外边距是 10px，左右外边距是 5px，下外边距是 15px。

```
margin:10px 5px;
```

上述代码表示上下外边距是 10px，左右外边距是 5px。

```
margin:10px;
```

上述代码表示 4 个外边距都是 10px。

在实际计算外边距时，上下相邻外边距会叠加合成其中一个较大宽度的外边距的值，如图 8-6 所示。

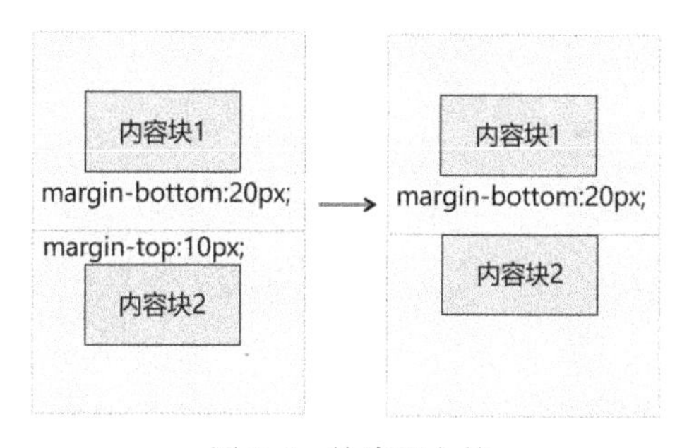

图 8-6　外边距合并

8.1.2 边框属性

边框（border）包括以下 3 个属性。

（1）border-style：边框样式。

（2）border-color：边框颜色。

（3）border-width：边框宽度。

边框样式（border-style）较为复杂，有多种样式，主要包括以下几种。

（1）none：定义无边框。

（2）hidden：与 none 相同，IE 浏览器不支持。

（3）dotted：定义点状。

（4）dashed：定义虚线。

（5）solid：定义实线。

（6）double：定义双线。

（7）groove：定义 3D 凹槽效果线。

（8）ridge：定义 3D 凸槽效果线。

（9）inset：定义 3D inset 边框。

（10）outset：定义 3D outset 边框。

（11）inherit：规定从父元素继承边框样式。

边框颜色（border-color）默认为黑色。边框宽度（border-width）也有默认值，默认为 medium 关键字，其大小为 2-3px（根据不同浏览器而定），另外，还包括 thin(1-2px)、thick(3-5px)等关键字。用户也可以自定义边框宽度。

与边距一样，用户既可以统一设置边框的样式，也可以单独设置各条边框的样式，具体设置方法如下。

```
border:边框宽度|边框样式|边框颜色;
border-top:上边框宽度|上边框样式|上边框颜色;
border-bottom:下边框宽度|下边框样式|下边框颜色;
border-left:左边框宽度|左边框样式|左边框颜色;
border-right:右边框宽度|右边框样式|右边框颜色;
```

例如，下面的代码统一设置了一个大小为 1px 的红色实线边框。

```
border:1px solid #ff0000;
```

边框的每一项样式，可以单独设置，例如，边框样式 border-style，可以按照如下方法设置。

```
border-style:样式值;            //统一设置 4 条边框的样式
border-top-style:样式值;
border-bottom-style:样式值;
border-left-style:样式值;
border-right-style:样式值;
```

可以按照如下方法设置边框宽度 border-width。

```
border-width:宽度值;            //统一设置 4 条边框的宽度
border-top-width:上边框宽度值;
border-bottom-width:下边框宽度值;
border-left-width:左边框宽度值;
border-right-width:右边框宽度值;
```

可以按照如下方法设置边框颜色 border-color。

```
border-color:颜色值;            //统一设置 4 条边框的颜色
border-top-color:上边框颜色值;
border-bottom-color:下边框颜色值;
border-left-color:左边框颜色值;
border-right-color:右边框颜色值;
```

8.1.3 CSS3 新增的边框样式

CSS3 对原来的盒子模型进行了改善，增加了一些新的边框样式，用于解决用户界面问题。新增的样式属性主要包括以下 3 个部分。

1．圆角边框（border-radius）

圆角边框用于给元素的边框（1～4 个方向）创建圆角效果，基本语法为 border-radius: 1-4 length|%;，可以设置 1～4 个方向的圆角效果，单位可以是 px、%或 em，设置顺序为左上角、右上角、右下角、左下角。

各种设置效果如图 8-7～图 8-11 所示。

图 8-7　border-radius: 15px 50px 30px 5px;

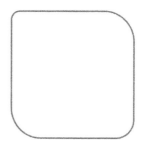

图 8-8　border-radius: 15px 50px 30px;

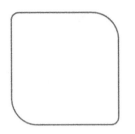

图 8-9　border-radius: 15px 50px;

图 8-10　border-radius:15px;

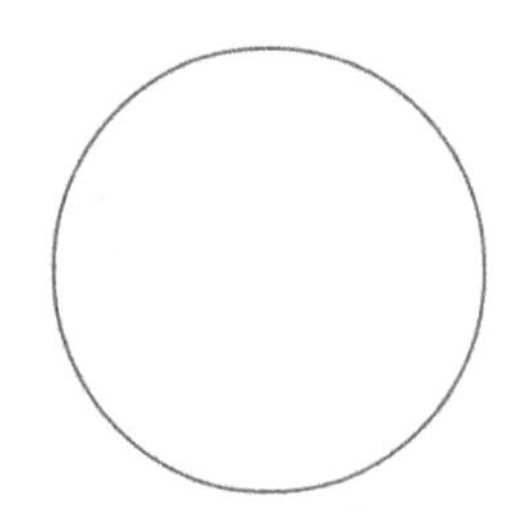

图 8-11　border-radius:150px;（圆形效果）

2．盒阴影（box-shadow）

盒阴影属性包含 5 个值，具体表述如下。

（1）h-shadow：水平阴影的位置，该值指定了阴影的水平偏移量，即在 x 轴上阴影的位置。如果是正值，则阴影出现在元素的右边；如果是负值，则阴影出现在元素的左边。

（2）v-shadow：垂直阴影的位置，该值指定了阴影的垂直偏移量，即在 y 轴上阴影的位置。如果是正值，则阴影出现在元素的上边，如果是负值，则阴影出现在元素的下边。

（3）blur：模糊距离，该值代表阴影的模糊半径，如果是 0，则意味着阴影是完全实心的，没有任何模糊效果。该值越大，实心度越小，阴影越朦胧和模糊，该值不支持负值。

（4）spread：阴影的尺寸，该值可以被看作从元素到阴影的距离。如果是正值，则在元素的 4 个方向延伸阴影；如果是负值，则阴影变得比元素本身尺寸还要小；默认值为 0，即阴影和元素的大小一样。

（5）color：阴影的颜色。

例如，在如图 8-12 所示的设置中，5px 表示阴影的水平向右偏移量，10px 表示阴影的垂直向下偏移量，#08C 表示阴影的颜色为蓝色，得到一个蓝色实心阴影的边框效果。在如图 8-13 所示的设置中，在图 8-12 的基础上，增加了模糊距离，大小为 10px，因此呈现的效果为蓝色模糊阴影。在如图 8-14 所示的设置中，在图 8-13 的基础上，增加了阴影的尺寸，得到带晕边效果的阴影。在图 8-15 中，使用 inset，设置了一个内阴影的效果。

图 8-12　box-shadow:5px 10px #08C;

图 8-13　box-shadow: 5px 10px 10px #08C;

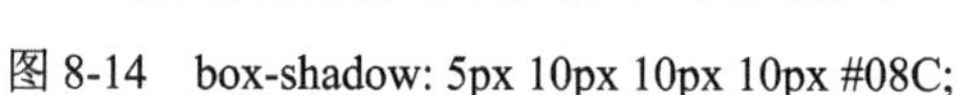
图 8-14 box-shadow: 5px 10px 10px 10px #08C;

图 8-15 box-shadow: inset 2px 2px 10px #08C;

3．图像边框（border-image）

对于边框的设置，除了普通的样式，还可以通过 CSS3 中的 border-image 属性使用图像来作为元素的边框，以创建出丰富多彩的边框效果。

border-image 属性可以通过一些简单的规则，将一幅图像划分为 9 个单独的部分，浏览器会自动使用相应的部分来替换边框的默认样式。其语法格式如下。

```
    border-image:border-image-source||border-image-slice||border-image-width||
border-image-outset||border-image-repeat
```

border-image 是 border-image-source、border-image-slice、border-image-width、border-image-outset 和 border-image-repeat 这 5 个属性的简写，其中，各个属性的含义如下。

（1）border-image-source：定义边框图像的路径。

（2）border-image-slice：定义边框图像从什么位置开始分割。

（3）border-image-width：定义边框图像的厚度（宽度）。

（4）border-image-outset：定义边框图像的外延尺寸（边框图像区域超出边框的量）。

（5）border-image-repeat：定义边框图像的平铺方式。

利用图像边框替代原始的边框，具体代码如下。

```
<!DOCTYPE html>
<html>
<head>
    <style>
        div {
            width: 200px;
            border: 30px solid;
            padding: 10px;
            border-image-source: url(images/border.png);
            border-image-slice: 10;
            border-image-width: 20px;
            }
    </style>
</head>
<body>
```

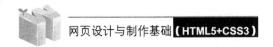

```
    <div>图像边框效果</div>
</body>
</html>
```

其效果如图 8-16 所示。

图 8-16　图像边框效果

8.2　浮动布局

8.2.1　浮动设置（float）

浮动布局

在正常情况下，HTML 页面中的块级元素都是从上到下排列的，如果要改变布局，则可以使用浮动布局。

浮动布局是网页中常见的布局方式，通过浮动布局可以使块级元素并排放置。CSS 使用 float 来设置浮动，其属性值有两个，分别是 left 和 right。float:left，表示元素向左浮动，其右边可以出现其他元素；float:right，表示元素向右浮动，其左边可以出现其他元素。

在页面中插入两个层，分别定义样式，对层的大小进行设置，具体代码如下。

```
<div>第 1 个层</div>
<div>第 2 个层</div>
```

首先，分别设置两个层的样式#div1 和#div2，并分别设置它们的宽度和高度为 200px，同时设置背景颜色，具体代码如下。

```
#div1{
    background-color:  #DDE9E9;
    height: 200px;
    width: 200px;}
#div2 {
    background-color: # FACCF1;
    height: 200px;
    width: 200px;}
```

然后，应用样式到两个层中，具体代码如下。

```
<div id="div1">第 1 个层</div>
<div id="div2">第 2 个层</div>
```

得到如图 8-17 所示的效果。

图 8-17 层的布局效果

如果要让第 1 个层和第 2 个层并排放置，则可以使用 float 属性来定义元素浮动显示。

float 属性用于定义该层向哪个方向浮动（left、right），一旦设置了块级元素的 float 属性，该元素就不再占用文档流的位置，允许其他的元素和它并排放置。

在上述例子的基础上，为每个层的样式添加 float:left;，表示该元素向左浮动，实现第 1 个层和第 2 个层的并排放置，具体代码如下，其效果如图 8-18 所示。

```
#div1{
   background-color:  #DDE9E9;
   height: 200px;
   width: 200px;
   float:left;
}
#div2{
   background-color: # FACCF1;
   height: 200px;
   width: 200px;
   float:left;
}
```

图 8-18 层的并排布局效果

浮动元素能够实现元素的并排显示效果，因此可以利用浮动布局来设计多栏页面的布局，当多个元素并排浮动时，浮动元素的位置是不固定的，它们会根据父元素的宽度灵活调整。例如，在前面的两个层的基础上，再增加第 3 个层，同时设置为 float:left;，正常窗口大小时这 3 个层将会并排放置，如图 8-19 所示。如果把浏览器窗口变小，则第 3 个层有可能会在下一行显示，如图 8-20 所示。

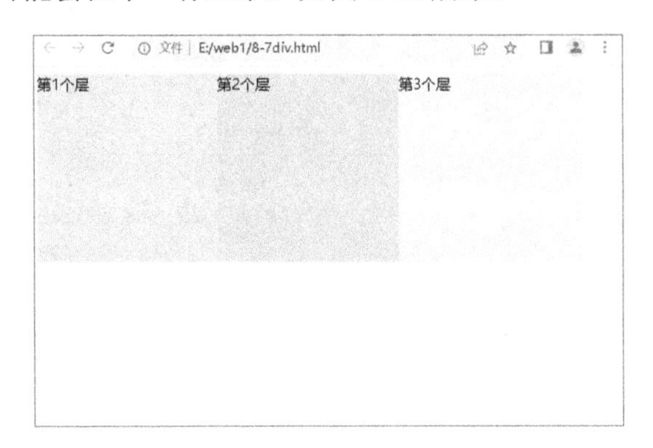

图 8-19　正常窗口大小时浮动元素的显示

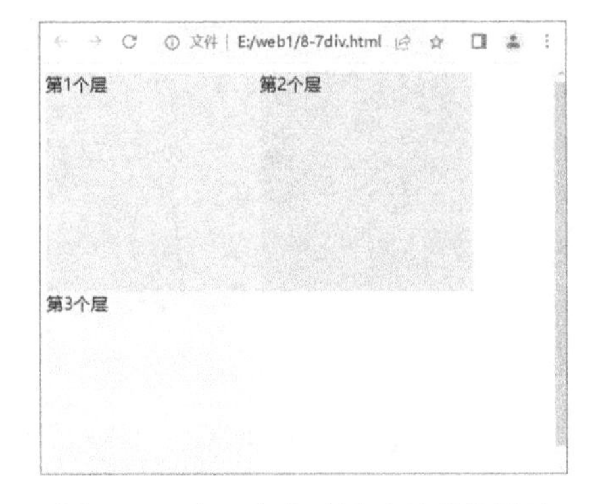

图 8-20　窗口变小时浮动元素的显示

为了避免浮动的不确定性而引起的布局错位问题，可以在 3 个层外面，再定义 1 个父元素，并且设置该父元素的宽度值为固定值，具体代码如下。

```
<div id="dall">
    <div id="div1">第 1 个层</div>
    <div id="div2">第 2 个层</div>
    <div id="div3">第 3 个层</div>
</div>
#dall{
    width:600px;
}
```

设置了父元素的宽度后，无论怎样调整窗口大小，都不会出现浮动元素错位的情况，如图 8-21 所示。

图 8-21　设置了父元素固定宽度后浮动元素的显示

8.2.2　清除浮动（clear）

为了防止元素随意浮动，CSS 定义了 clear 属性，该属性能够清除浮动，避免元素随意浮动显示。clear 的属性值包括如下 4 个。

（1）left：禁止左侧显示浮动元素。

（2）right：禁止右侧显示浮动元素。

（3）both：禁止左右两侧显示浮动元素。

（4）none：不清除浮动元素。

例如，在 8.2.1 节例子的基础上，修改第 3 个层的样式，具体代码如下。

```
#div3 {
    background-color:aliceblue;
    height:200px;
    width: 200px;
    float:left;
    clear:both;
}
```

通过上述设置，第 3 个层的左右两侧都不能有浮动元素，因此第 3 个层只能在下一行显示，效果如图 8-22 所示。

图 8-22　clear 属性设置效果

8.3　CSS 定位

position 属性设置

8.3.1　position 属性

CSS 使用 position 属性精确定位元素的显示位置，其属性值包括如下 4 个。

（1）static：不设置定位（默认设置），所有元素都显示为流动布局效果。

（2）absolute（绝对定位）：将元素从文档流中拖出，使用 left、right、top、bottom 属性，其值是相对于其最接近的一个具有定位属性的父包含块进行绝对定位的，如果不存在包含块，则相对于 body 元素，也就是浏览器窗口绝对定位。

（3）relative（相对定位）：通过 left、right、top、bottom 属性确定元素在正常文档流中的偏移位置，移动的方向和幅度由 left、right、top、bottom 属性确定，偏移前的位置保留不动。

（4）fixed（固定定位）：不会随浏览器滚动条的滚动而滚动，因此固定定位的元素会始终位于浏览器窗口内视图的某个位置，不会受文档流影响。

下面的例子在<body></body>区域中建立了 3 个层，具体代码如下。

```
<body>
    <div id="div1">第 1 个层</div>
    <div id="div2">第 2 个层</div>
    <div id="div3">第 3 个层</div>
</body>
```

设置 div 层总的样式及每个层对应的样式，具体代码如下。

```
#div1{
    position: relative;
    top:50px;
    background-color:#DDE9E9;
    height: 200px;
    width: 200px;
}
#div2 {
    position: relative;
    top:50px;
    background-color: #FACCF1;
    height: 200px;
    width: 200px;
}
#div3 {
    position: absolute;
    top:25px;
    left:150px;
    background-color:aliceblue;
    height:200px;
    width: 200px;
}
```

其中，第 1 个层和第 2 个层都设置 position 为 relative（相对定位），并设置上部偏移为 50px，第 3 个层设置 position 为 absolute（绝对定位），其相对的是父元素 body 的定位，因此脱离原来的文档流，按照距离左边 150px，距离上边 25px 放置，和第 1 个层会有重叠，效果如图 8-23 所示。

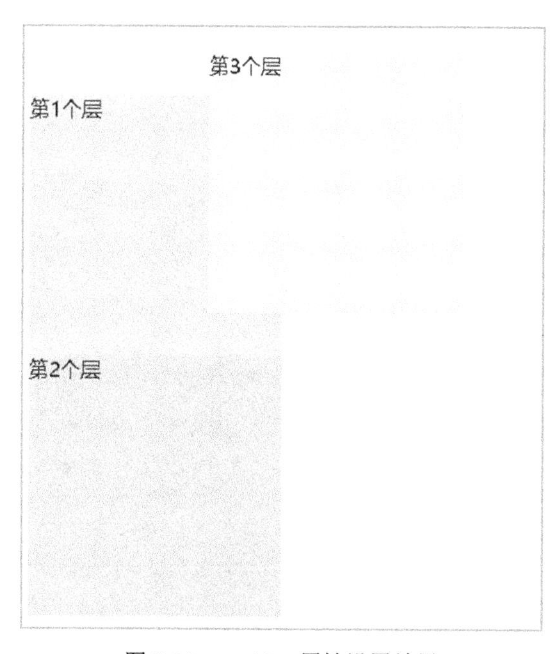

图 8-23　position 属性设置效果

需要注意的是，第 2 个层发生的偏移，是相对于该层在原来文档流中的位置的，如果第 1 个层不发生偏移，则第 2 个层将会和第 1 个层相距 50px，但由于第 1 个层也发生了偏移 50px，因此第 2 个层就和第 1 个层连在一起了。

下面的例子设置了 3 个层，其中第 3 个层是第 2 个层的子层，具体代码如下。

```
<body>
   <div id="div1">第 1 个层</div>
   <div id="div2">第 2 个层<div id="div3">第 3 个层</div></div>
</body>
```

设置每个层对应的样式，具体代码如下。

```
#div1{
   position: static;
   background-color:#DDE9E9;
   height: 200px;
   width: 200px;
}
#div2 {
   position: relative;
```

```
    top:50px;
    background-color: #FACCF1;
    height: 200px;
    width: 200px;
}
#div3 {
    position: absolute;
    top:50px;
    left:50px;
    background-color:aliceblue;
    height:100px;
    width: 100px;
}
```

其中，第 1 个层和第 2 个层的大小为 200px×200px，第 1 个层没有发生偏移，第 2 个层发生相对偏移（top:50px;），第 3 个层的大小为 100px×100px，第 3 个层位于第 2 个层内，效果如图 8-24 所示。从图 8-24 中可以看出，第 3 个层的绝对偏移是相对于它的父层的。

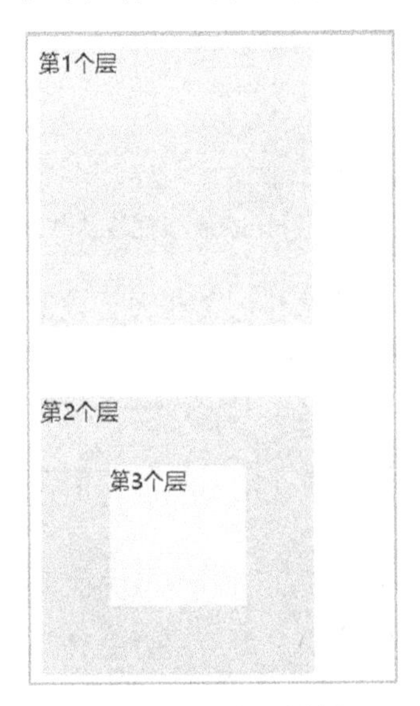

图 8-24　设置居中效果

8.3.2　定位层叠顺序（z-index）

无论是相对定位还是绝对定位，只要层的坐标相同，就都有可能出现层的重叠。在默认情况下，相同类型的定位元素，后面的定位元素会覆盖前面的定位元素。可以通过使用 CSS 中的 z-index 属性来修改层叠顺序，其语法格式如下。

```
z-index:auto|数字;
```

其中，auto 表示默认值，根据父元素的定位来确定层叠关系，数字表示具体的值，值越大，越显示在上面。

下面的例子在<body></body>区域中建立了 3 个并列的层，具体代码如下。

```
<body>
   <div id="div1">第 1 个层</div>
   <div id="div2">第 2 个层</div>
   <div id="div3">第 3 个层</div>
</body>
```

设置每个层对应的样式，具体代码如下。

```
div{
   position: relative;
   width:200px;
   height: 100px;
}
#div1{
   background-color:#DDE9E9;
}
#div2 {
   top:-50px;
   left:60px;
   background-color: #FACCF1;
}
#div3 {
   top:-100px;
   left:120px;
   background-color:aliceblue;
}
```

其默认的层叠顺序如图 8-25 所示。

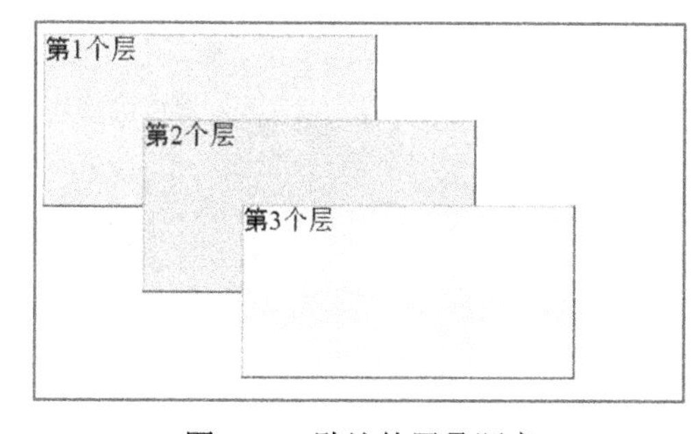

图 8-25　默认的层叠顺序

在上面样式的基础上，为 3 个层分别设置 z-index 的值，具体代码如下。

```
#div1{
```

```
    z-index:3;
}
#div2 {
    z-index:2;
}
#div3 {
    z-index:1;
}
```

得到的效果如图 8-26 所示。由于设置了第 1 个层的 z-index 值为 3，所以这个层位于最上面，把第 2 个层覆盖住了，第 2 个层的 z-index 值为 2，第 3 个层的 z-index 值为 1，所以第 2 个层又在第 3 个层之上，把第 3 个层覆盖住了。

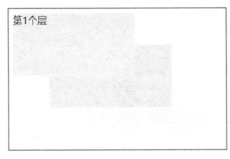

图 8-26　设置 z-index 属性值后的层叠顺序

z-index 的值可以是负值，如果设置某个层的 z-index 值为负值，那么该层将隐藏在流动层下面。

人工智能是当下全球科技、产业的焦点之一。下面的例子通过将一个层隐藏在流动层下面来实现人工智能介绍页面。

首先在<body></body>区域中建立一个段落 P 和一个 div 层，具体代码如下。

```
<body>
    <p>人工智能（Artificial Intelligence）是以计算机科学（Computer Science）为基础，由计算机、心理学、哲学等多学科交叉融合的交叉学科、新兴学科，是研究、开发用于模拟、延伸和扩展人的智能的理论、方法、技术及应用系统的一门新的技术学科。它企图了解智能的实质，并生产出一种新的能以与人类智能相似的方式做出反应的智能机器。该领域的研究包括机器人、语言识别、图像识别、自然语言处理和专家系统等。</p>
    <div id="div1"></div>
</body>
```

然后设置 div 层的样式，具体代码如下。

```
#div1{
    background-image: url(images/bg.jpg);
    width:100%;
    height: 200px;
```

```
    position: absolute;
    top:0px;
    z-index: -1;
}
p{
text-indent:2em;
}
```

在该样式设置中，设置 div 层的宽度为 100%，高度为 200px，设置 position 为绝对定位，top 值为 0px，表示与文本对齐，同时设置 z-index 值为-1，使该层位于流动层下面。其效果如图 8-27 所示。

人工智能（Artificial Intelligence）是以计算机科学（Computer Science）为基础，由计算机、心理学、哲学等多学科交叉融合的交叉学科、新兴学科，是研究、开发用于模拟、延伸和扩展人的智能的理论、方法、技术及应用系统的一门新的技术学科。它企图了解智能的实质，并生产出一种新的能以与人类智能相似的方式做出反应的智能机器。该领域的研究包括机器人、语言识别、图像识别、自然语言处理和专家系统等。

图 8-27　将一个层隐藏在流动层下面的效果

8.4　DIV+CSS 布局实例

8.4.1　设计导航菜单

导航菜单设计

导航菜单是每个网站必备的内容，所有网站都需要借助导航菜单来实现信息的导览功能。下面的例子使用 DIV+CSS 设计了个人网站的水平导航菜单，如图 8-28 所示，其效果为当鼠标指针经过导航菜单项目时，相应部分以亮色显示，例如，当鼠标指针经过“主页”菜单项目时，左边会有一个黄色块，“主页”文字加粗，并显示为黄色。

主页　个人简介　我的爱好　我的相册　和我联系

图 8-28　使用 DIV+CSS 设计个人网站的水平导航菜单

其中菜单项目使用列表来完成。整个页面设计的操作步骤如下。

（1）新建一个页面，命名为 index.html。

（2）在<body></body>区域中，插入一个总层，在层里面，插入<ul>和<li>，用于添加各个导航菜单项目，具体代码如下。

```
<div id="menu">
    <ul>
        <li><a href="#">主页</a></li>
```

```
        <li><a href="#">个人简介</a></li>
        <li><a href="#">我的爱好</a></li>
        <li><a href="#">我的相册</a></li>
        <li><a href="#">和我联系</a></li>
    </ul>
</div>
```

（3）设置总层的样式#menu，具体代码如下。

```
#menu {
    font-family:Cambria, "Hoefler Text", "Liberation Serif", Times, "Times
    New Roman", "serif";
    font-size:18px;
    text-align:right;
}
```

（4）设置项目列表 ul 和 li 的基本样式，不显示列表项目符号（list-style-type:none;），列表项目浮动显示（float:left;），即各个列表项目水平排列成一行，形成横向菜单，具体代码如下。

```
#menu ul {
    list-style-type:none;                /* 不显示列表项目符号 */
    margin:0px;
    padding:0px;
}
#menu li {
    float:left;
}
```

（5）设置超链接效果，由于 a 为行内元素，无法控制其宽度和高度，不利于外部项目的布局，因此需要把 a 定义为块级元素，使它具有块级元素的属性，以便于设置。定义方法为 display:block;，同时，需要设置每个导航菜单项目左边框为粗线，具体代码如下。

```
#menu li a{
    width:120px;
    display:block;    /*设置为块级元素*/
    height:1em;
    padding:5px 5px 5px 0.5em;
    text-decoration:none;
    border-left:16px solid #151571;        /* 设置左边框为粗线，深蓝色 */
    border-right:1px solid #151571;        /* 设置右边框为深蓝色 */
}
#menu li a:link, #menu li a:visited{
    background-color:#1136c1;
    color:#FFFFFF;
}
```

（6）设置鼠标指针经过时的效果，当鼠标指针经过时，改变超链接的背景颜色，设置左边框颜色为黄色，文字颜色也为黄色，具体代码如下。

```
#menu li a:hover{                        /* 设置鼠标指针经过时的效果 */
    background-color:#002099;            /* 改变背景颜色 */
    color:#ffff00;                       /* 设置文字颜色为黄色 */
    border-left:16px solid yellow;       /* 设置左边框为黄色 */
    font-weight: bold;
}
```

可以将水平的导航菜单，改成垂直的荧光菜单效果，如图8-29所示。

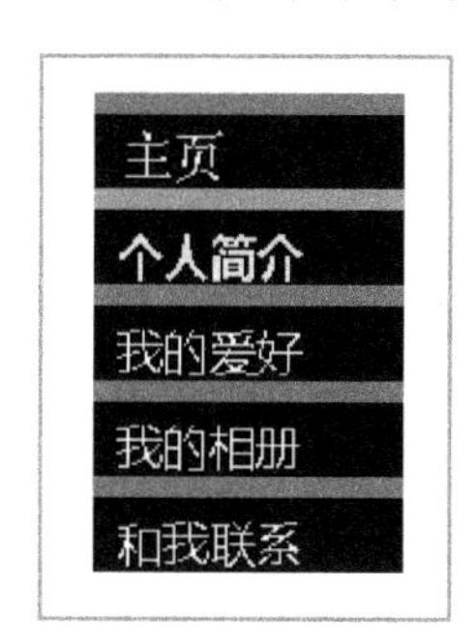

图8-29　荧光菜单效果

保留<body></body>区域的内容，只需要删除li的浮动设置，同时设置边框的突出显示为上边框，设置样式的具体代码如下。

```
#menu {
    font-family:Cambria, "Hoefler Text", "Liberation Serif", Times, "Times
     New Roman", "serif";
    font-size:18px;
    margin:auto;
    width:120px;
    background-color: #000;            /*设置背景颜色为黑色*/
}
#menu ul {
    list-style-type:none;              /* 不显示列表项目符号 */
    margin:0px;
    padding:0px;
}
#menu li a{
    display:block;
    height:1em;
    padding:5px 5px 5px 0.5em;
    text-decoration:none;
    border-top:8px solid #060;         /* 设置上边框为粗线，绿色 */
```

```
    color: #ccc;
    }
#menu li a:hover{                          /* 设置鼠标指针经过时的效果 */
    color:#ffff00;                         /* 改变文字颜色为黄色 */
    border-top:8px solid #0e0;             /* 设置上边框为亮绿色 */
    font-weight: bold;
}
```

8.4.2　制作互联网风云人物记电子相册

制作互联网风云人物记电子相册

互联网的诞生，将世界紧密地连在一起，互联网的出现对人类社会产生了重大影响。本例介绍了在互联网发展过程中的重大风云人物，这些风云人物用他们的心血和汗水推动了人类文明的不断进步，是我们学习的榜样。本例制作一个互联网风云人物记电子相册，当鼠标指针放到图片上时，会显示对应人物的名字和介绍，如图 8-30 所示。

图 8-30　互联网风云人物记电子相册

本例介绍 6 个互联网风云人物，使用 DIV+CSS 布局，设置 7 个层，第 1 个层为标题所在层，其余 6 个层分别放置图片和说明文字，图片所在的层使用浮动布局，具体操作步骤如下。

（1）新建一个页面，命名为 index.html。

（2）在页面中，插入第 1 个层，内容为“互联网风云人物记”，并将对应的样式命名为 maintitle，具体代码如下。

```
<div id="maintitle" > 互联网风云人物记</div>
```

（3）建立一个外部样式表文件 style1.css，在<head></head>区域中导入该样式表文件。

```
<head>
    <meta http-equiv="Content-Type" content="text/html; charset=utf-8" />
    <title>电子相册集</title>
    <link href="css/style1.css" rel="stylesheet" type="text/css" />
</head>
```

（4）在外部样式表文件 style1.css 中，建立标题的样式，具体代码如下。

```
@charset "utf-8";
#maintitle {
    font-family: "MS Serif", "New York", serif;
    font-size: 60px;
    font-weight: bold;
    text-align: center;
    clear: both;
    height: 160px;
    width: auto;
    background-color: #F90;
    margin-bottom: 10px;
    color: #FFF;
    line-height: 160px;
}
```

由于后面的层使用浮动布局，因此设置当前层为独立层，不允许左右两边出现元素，代码为 clear:both;；设置当前层的宽度为 auto，即根据内容平铺；设置当前层的行高 line-height 和层的高度 height 相同，使文字内容垂直居中。

（5）新建图片所在层，该层里面包含一张图片及图片的超链接，使用列表方式布局，并设置人物介绍内容，具体代码如下。

```
<div class="photounit">
    <a href="img/1-vint.jpg"><img src="img/1-robert.jpg"/></a>
    <ul>
        <li class="title">罗伯特·卡恩（Robert E.Kahn）</li>
        <li >互联网发展史上的著名科学家</li>
        <li class="article" > 他和温顿·瑟夫联手缔造了 TCP/IP 通信协议集。TCP/IP 是网络上的
计算机互相通信的语言。 </li>
    </ul>
</div>
```

初始效果如图 8-31 所示。

（6）在外部样式表文件中，建立图片层的总样式.photounit，设置向左浮动，宽度和高度均为 500px，具体代码如下。

```
.photounit {
```

```
    float: left;
    height: 500px;
    width: 500px;
}
```

- 罗伯特·卡恩（Robert E. Kahn）
- 互联网发展史上的著名科学家
- 他和温顿·瑟夫联手缔造了TCP/IP通信协议集。TCP/IP是网络上的计算机互相通信的语言。

图 8-31　初始效果

（7）设置层里面图片 img 的样式，设置图片宽度为 450px，并设置边框阴影效果，具体代码如下。

```
div.photounit img{
    width:450px;
    border:0px;
    height:auto;
    margin:25px;
    -moz-box-shadow:2px 2px 5px #333333;
    -webkit-box-shadow:2px 2px 5px #333333;
    box-shadow:2px 2px 5px #333333;
}
```

（8）设置图片超链接效果，将超链接元素 a 设置为块级元素，具体代码如下。

```
div.photounit a{
    display:block;
    padding:0px;
}
```

（9）设置列表的样式，宽度为 400px，在初始状态下，列表内容是不呈现的，所以设置列表模块初始状态为不可见，代码为 display:none;，设置列表不出现项目符号，代码为 list-style:none;，具体代码如下。

```
div.photounit ul{
    margin-left:20px;
```

```
    background: #FFF;
    border:0px;
    width:400px;
    font-size:18px;
    list-style:none;
    color:#F90;
    font-family: "Microsoft YaHei UI";
    display:none; /*不可见*/
}
```

（10）当鼠标指针放到图片上时，同时出现文字介绍，并且后面会显示橙色背景，以及整个层的晕边效果，具体代码如下。

```
div.photounit:hover ul{
    display:block;
    position:absolute;
}
div.photounit:hover{
    background: #F90;
    -moz-box-shadow:2px 2px 5px #FC3;
    -webkit-box-shadow:2px 2px 5px #FC3;
    box-shadow:2px 2px 5px #FC3;
}
```

（11）设置列表的标题样式及文字内容样式，具体代码如下。

```
div.photounit li{
    line-height:25px;
    margin:0px;
    padding:0px;
}
div.photounit li.title{
    font-weight:bold;
    padding-top:5px;
    padding-bottom:0.2em;
    border-bottom:1px solid #F90;
    color:#F90;
}
div.photounit li.article{
    padding-top:5px;
    padding-bottom:0.2em;
    color:#F90;
```

```
   font-size:14px;
}
```

设置完成后，鼠标指针放在图片上的效果如图 8-32 所示。

图 8-32　鼠标指针放在图片上的效果

（12）用同样的方法，分别添加另外 5 个风云人物的介绍信息，具体代码如下。

```
<div class="photounit">
  <a href="img/2-lee.png"><img src="img/2-lee.png"/></a>
  <ul>
     <li class="title">蒂姆·伯纳斯-李（Tim Berners-Lee）</li>
     <li >万维网（WWW）的发明者</li>
     <li class="article" > 他写出了第一个 Web 客户端和服务器端程序，设计了超链接（超文本）
方式，目前还在维护着 Web 标准，并担任万维网联盟（W3C）的主席。</li>
   </ul>
</div>
<div class="photounit">
  <a href="img/3-Ray.jpg"><img src="img/3-Ray.jpg"/></a>
  <ul>
     <li class="title">雷·汤姆林森（Ray Tomlinson）</li>
     <li >E-mail 之父</li>
     <li class="article" >他让不同位置的机器之间（大学之间、跨越大洲和大洋）交换消息成为可
能。他提出使用@符号作为 E-mail 地址格式。如今，全球每天大约有一亿人在输入@符号。</li>
  </ul>
</div>
<div class="photounit">
```

```
    <a href="img/4-Michael.jpg"><img src="img/4-Michael.jpg"/></a>
    <ul>
        <li class="title">迈克尔·哈特(Michael Stem Hart)</li>
        <li >发明了电子书</li>
        <li class="article" > 在哈特手里诞生了电子书，由此打破了蒙昧与文盲的桎梏。他创建了古
腾堡(人名，德国活版印刷术的发明者)计划，这被认为是世界上第一个电子图书馆，从此改变了人们阅读的方式。
        </li>
    </ul>
</div>
<div class="photounit">
    <a href="img/5-marc.png"><img src="img/5-marc.png"/></a>
    <ul>
        <li class="title">马克·安德森(Marc Andreessen)</li>
        <li >发明了网景浏览器</li>
        <li class="article" >安德森使网络导航发生了巨大的变革。他提出了第一个广泛使用的Web浏
览器——Mosaic，后来转化为商业化的网景浏览器(Netscape Navigator)。安德森同时是Ning的联合
创始人和董事长。</li>
    </ul>
</div>
<div class="photounit">
    <a href="img/6-Ward.jpg"><img src="img/6-Ward.jpg"/></a>
    <ul>
        <li class="title">沃德·库宁汉姆(Ward Cunningham)</li>
        <li >开发了首个wiki</li>
        <li class="article" >美国程序员库宁汉姆开发了首个wiki，以便人们共同创建和编辑网页。
库宁汉姆用夏威夷语里的“快速”命名了wiki。</li>
    </ul>
</div>
```

这6个层，使用的排版格式都是一样的，因此不需要再添加新的样式。

在设计与图片相关的内容时，需要提前将图片处理成相同的尺寸，在本例中，所有的图片尺寸为450px×280px。

个人主页布局

8.4.3 个人主页布局

下面讲解如何用DIV +CSS实现个人主页的布局，整体效果如图8-33所示。

通过分析如图8-33所示的页面，要完成该页面的布局，可将页面分割成6个部分，分别为顶部标题、水平线、导航、左侧图片、右侧文字、底部版权信息，同时为了控制页面的整体布局，在6个层外面，再加一个总层，其布局如图8-34所示。

同时，需要设计每个层的大小，如图8-35所示。

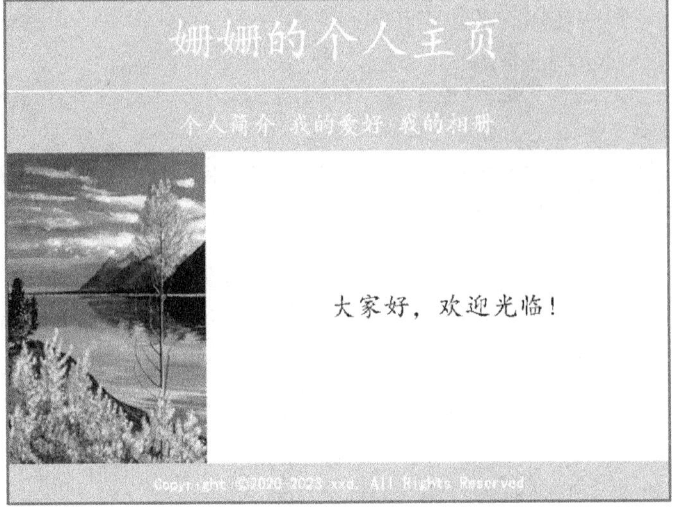

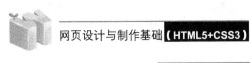

图 8-33　个人主页整体效果

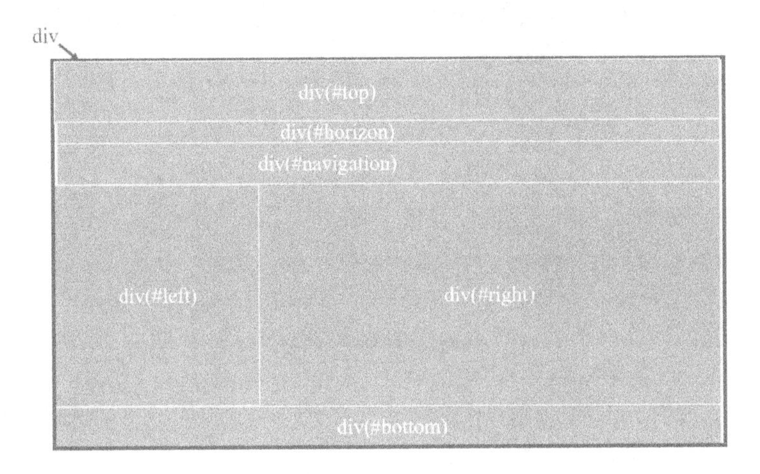

图 8-34　页面布局

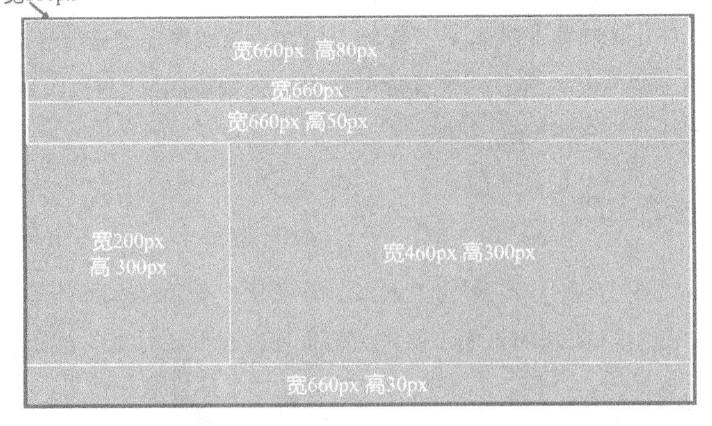

图 8-35　设计每个层的大小

分析完成后，下面来实现该页面的效果，步骤如下。

（1）建立一个页面 index.html，在<body></body>区域中建立 7 个层，并设置层的基本内容，具体代码如下。

```
<div >
    <div >姗姗的个人主页</div>
    <div><hr color="#ffffff"></div>
    <div >个人简介 我的爱好 我的相册</div>
    <div ><img src="images/1.jpg" /></div>
    <div >大家好，欢迎光临！</div>
    <div id="bottom" >Copyright ©2020-2023 xxd, All Rights Reserved</div>
</div>
```

（2）建立和层对应的样式，其中，.alldiv 设置的是总层的样式；#top 设置的是标题所在层的样式，将行高 line-height 设置为和层的高度一样，就可以让文字内容垂直居中对齐；#horizon 设置的是水平线所在层的样式；#navigation 设置的是导航所在层的样式；#left 设置的是图片所在层的样式，这里使用浮动效果，设置 float:left;，让右侧可以出现元素，与 #right 设置的层在同一行上面；#bottom 设置的是底部版权信息所在层的样式。需要注意的是，由于前面的层设置了浮动效果，为了保证最后的层单独占据一行，要设置 clear:both;，具体代码如下。

```
.alldiv{
    margin: auto;          /*设置 margin 为 auto，使该层居中对齐*/
    width: 660px;
    text-align: center;
    background-color: #abcedf;
}
#top{
    width:100%;
    height: 80px;
    font-family: "楷体";
    font-size: 35px;
    text-align: center;
    line-height: 80px;
}
#horizon{
    width: 100%;            /*水平线只设置宽度，不设置高度*/
}
#navigation{
    width:100%;
    height: 50px;
```

```
    font-family: "楷体";
    font-size: 25px;
    text-align: center;
    line-height: 50px;
}
#left{
    width: 200px;
    height: 300px;
    float: left;        /*表示元素向左浮动，使后续元素可跟随在该元素的右侧*/
}
#right{
    width:460px;
    height: 300px;
    float: left;
    background-color:azure ;
    line-height: 300px;
    text-align: center;
}
#bottom{
    width: 660px;
    height: 30px;
    clear:both;
    line-height: 30px;
}
```

（3）层的样式设计完成后，将样式应用到各个层，就完成了个人主页的设计，具体代码如下。

```
<div class="alldiv" >
    <div id="top">姗姗的个人主页</div>
    <div id="horizon"><hr color="#ffffff"/></div>
    <div id="navigation">个人简介 我的爱好 我的相册</div>
    <div id="left" ><img src="images/1.jpg"/></div>
    <div id="right" >大家好，欢迎光临！</div>
    <div id="bottom" >Copyright ©2020-2023 xxd, All Rights Reserved</div>
</div>
```

从上述的例子可以看出，DIV+CSS 布局实现了页面内容和样式的完全分离，在精简网页结构的同时，增加了代码的可读性和可修改性。

8.4.4 设计电脑配件商城主页

电脑配件商城
主页设计

本例实现了电脑配件商城主页的设计，整体效果如图 8-36 所示。

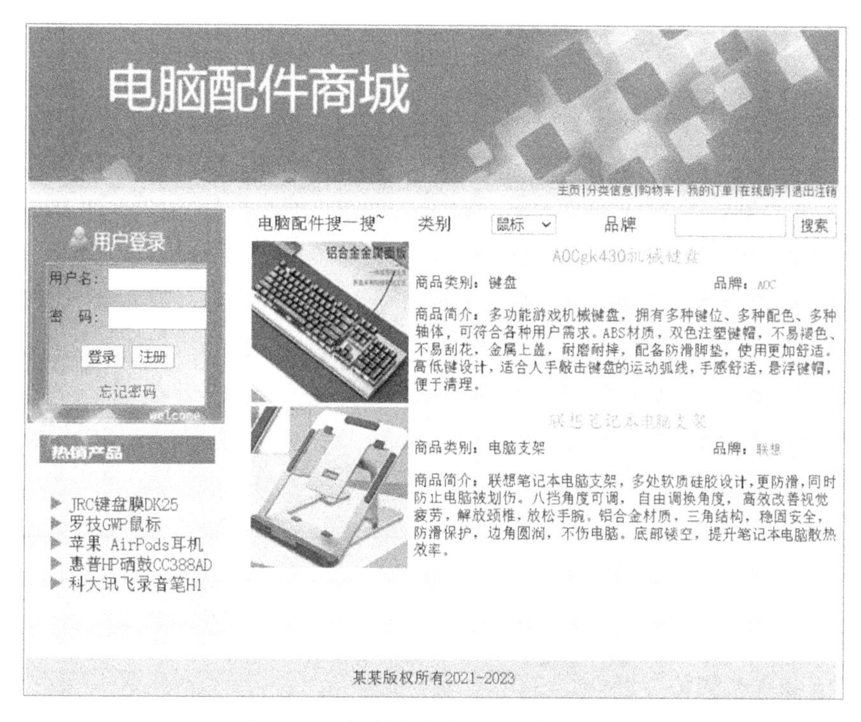

图 8-36　电脑配件商城主页整体效果

本例使用 DIV+CSS 布局页面，通过分析如图 8-36 所示的页面，可将页面分割成 6 个部分，分别为网站 Logo、导航、左侧上方用户登录、右侧主要内容、左侧下方热销产品列表、底部版权信息，同时为了控制页面的整体布局，在 6 个层外面，再加一个总层，该页面的布局如图 8-37 所示。

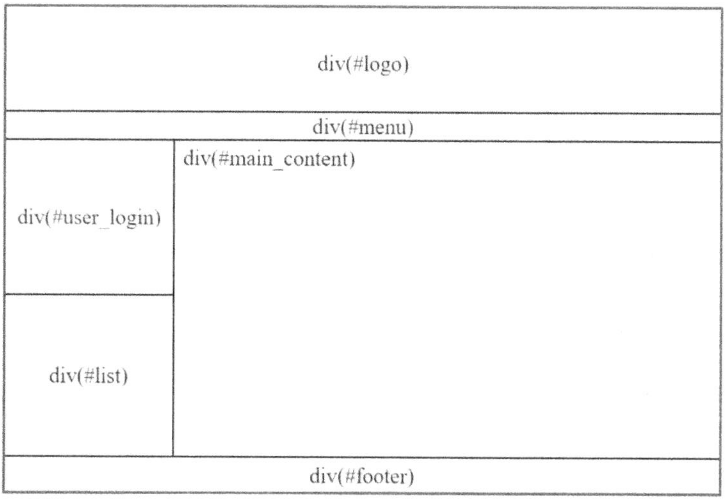

div(#logo)
div(#menu)
div(#main_content)
div(#user_login)
div(#list)
div(#footer)

图 8-37　页面布局

每个层的尺寸设计如图 8-38 所示。

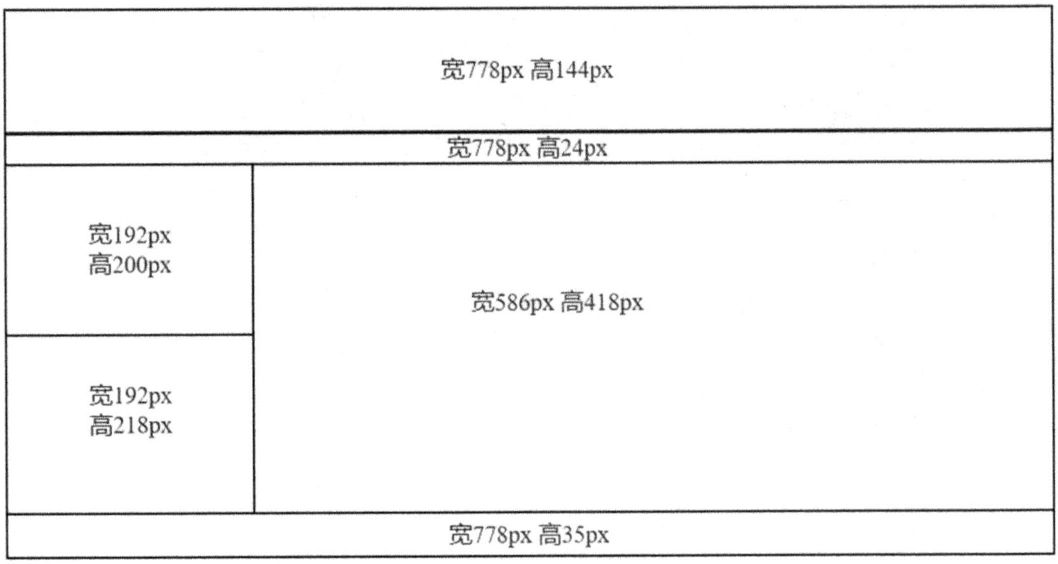

宽778px 高144px

宽778px 高24px

宽192px
高200px

宽586px 高418px

宽192px
高218px

宽778px 高35px

图 8-38　层的尺寸设计

页面设计操作步骤如下。

（1）新建一个页面 index.html，在页面中建立 7 个层，并预设各个层的样式名称，例如，总层的样式名称为 dall，具体代码如下。

```
<div id="dall">
   <div id="logo"></div>
   <div id="menu"></div>
   <div id="user_login"></div>
   <div id="main_content"></div>
   <div id="list"></div>
   <div id="footer"></div>
</div>
```

（2）由于样式内容较多，因此新建一个外部样式表文件 style1.css 来存放所有的样式，并在<head></head>区域中导入样式表文件，代码为<link href="style1.css" rel="stylesheet" type="text/css" />。

设计总层的样式宽度为 778px，居中对齐，具体代码如下。

```
#dall{
   width:778px;
   margin: auto;
}
```

外部样式表 style1.css 截图显示如图 8-39 所示。

index.html (XHTML) ×

源代码 style1.css*

```
1  @charset "utf-8";
2  #dall{
3      width:778px;
4      margin: auto;
5  }
6
7
```

图 8-39　外部样式表 style1.css 截图显示

（3）设置第 1 个层的内容和样式。第 1 个层没有文字内容，使用的是预先制作好的一幅背景图像，作为网站的 Logo，具体代码如下。

```
<div id="logo"></div>
```

设置第 1 个层的样式#logo，具体代码如下。

```
#logo {
    background-image:url(images/header1.jpg);
    background-repeat:no-repeat;
    width:100%;
    height:144px;
}
```

（4）设置第 2 个层的内容和样式。第 2 个层是导航菜单文本信息，因此需要在<div></div>区域中输入导航菜单文本，具体代码如下。

```
<div id="menu"><a href="#">主页</a>|<a href="#">分类信息</a>|<a href="#">购物车</a>|<a href="#">我的订单</a>|<a href="#">在线助手</a>|<a href="#">退出注销</a></div>
```

设置第 2 个层的样式，第 2 个层的文本对齐方式为右对齐，并设置 line-height 的值与 height 的值相同，让文本垂直居中，具体代码如下。

```
#menu {
    background-image:url(images/menu.jpg);
    width:100%;
    height:24px;
    text-align:right;
    line-height:24px;
}
```

（5）设置第 3 个层的内容和样式。第 3 个层为左侧的用户登录信息，需要插入一个表单，插入的表单元素包括文本框、密码框和按钮，具体需要插入 1 个文本框用于输入用户名，1 个密码框用于输入密码，2 个按钮（“登录”和“注册”），具体代码如下。

```
<div id="user_login">
```

```
<form id="form1" name="form1" method="post" action="">
   <label for="username">用户名：</label>
   <input name="username" type="text" id="username" size="10" />
   <p><label for="pwd">密 码：</label>
   <input name="pwd" type="text" id="pwd" size="10" /></p>
   <input name="login" type="button" id="login" title="登录" value="登录"
     />
   <input name="reg" type="button" id="reg" title="注册" value="注册" />
   <p><a href="#">忘记密码</a></p>
</form>
</div>
```

设置该层的样式 user_login，这里使用一幅预先制作好的背景图像，在插入表单时，表单内容的起始位置不是靠顶部，而是要向下偏移 56px，因此设置 padding-top:56px;，同时该层的右侧是内容层，需要设置该层的浮动效果，代码为 float:left;，具体代码如下。

```
#user_login {
   width: 192px;
   height: 200px;
   padding-top:56px;                                 /*设置内容的起始位置,距离顶部 56px*/
   font-size: 14px;
   clear: left;
   float: left;                                      /*使用浮动布局，允许右侧有块级元素*/
   background-image: url(images/left-top.jpg);       /*使用用户登录的背景图像*/
   background-repeat: no-repeat;
}
```

（6）第 4 个层是主要内容层，里面包含的元素较多，这里使用表格来排列。第 1 行里面需要使用表单元素，在“类别”后面插入一个下拉列表<select name="select" id="select">，同时增加下拉列表的选项，分别为“鼠标”“键盘”“键盘膜”，即<option>鼠标</option>，<option>键盘</option>，<option>键盘膜</option>，在“品牌”后面插入一个文本框<input name="brand" type="text" id="brand" size="12" />，最后增加一个“搜索”按钮<input type="submit" name="search" id="search" value="搜索" />，具体代码如下。

```
<div id="main_content">
<form id="form2" name="form2" method="post" action="">
   <table width="586" border="0">
     <tr>
        <td width="132">电脑配件搜一搜~></td>
        <td width="91" class="font1">类别</td>
        <td width="96">
         <select name="select" id="select">
            <option>鼠标</option>
```

```
            <option>键盘</option>
            <option>键盘膜</option>
        </select>
       </td>
      <td width="75" class="font1">品牌</td>
      <td width="85"><input name="brand" type="text" id="brand"
      size="12" /> </td>
      <td width="45"><input type="submit" name="search" id="search"
      value="搜索" /> </td>
    </tr>
  </table>
</form>
<table width="585" border="0">
    <tr>
      <td width="150" rowspan="3"><img src="images/AOC.png"  /></td>
      <td colspan="2" class="biaoti">AOCgk430 机械键盘</td>
    </tr>
    <tr>
      <td width="276" align="left" class="font2">商品类别：键盘</td>
      <td width="117" align="left"><span class="font2">品牌：
      </span><span class="price">AOC</span></td>
    </tr>
    <tr>
      <td colspan="2" align="left" class="font2">商品简介：多功能游戏机械键盘，拥有多种
键位、多种配色、多种轴体，可符合各种用户需求。ABS材质，双色注塑键帽，不易褪色、不易刮花，金属上
盖，耐磨耐摔，配备防滑脚垫，使用更加舒适。高低键设计，适合人手敲击键盘的运动弧线，手感舒适，悬浮
键帽，便于清理。</td>
    </tr>
    <tr>
      <td rowspan="3"><img src="images/leno.jpg" /></td>
      <td colspan="2" class="biaoti">联想笔记本电脑支架</td>
    </tr>
    <tr>
      <td align="left" class="font2">商品类别：电脑支架</td>
      <td align="left"><span class="font2">品牌：</span><span
        class="price">联想</span></td>
    </tr>
    <tr>
      <td colspan="2" align="left"><span class="font2">商品简介：联想笔记本电脑支架，
多处软质硅胶设计，更防滑，同时防止电脑被划伤。八挡角度可调，自由调换角度，高效改善视觉疲劳，解放
```

```
颈椎，放松手腕。铝合金材质，三角结构，稳固安全，防滑保护，边角圆润，不伤电脑。底部镂空，提升笔记本电脑散热效率。 </span><br /></td>
    </tr>
  </table>
</div>
```

设置第4个层里面相应的样式，具体代码如下。

```
#main_content {
    width:586px;
    height:418px;
    background-color:#EDFEFE;
    float:right;
}
.font1{
    font-size: 16px;
}
.biaoti {
    font-size: 18px;
    color:#4BAFF7;
    text-align: center;
    font-family:'楷体';
}
.price {
    font-size: 12px;
    color: #F00;
}
.font2 {
    font-size: 14px;
}
```

（7）设置第5个层的内容和样式。该层的内容为热销产品列表，使用列表来显示项目内容，具体代码如下。

```
<div id="list">
    <ul>
        <li>JRC 键盘膜 DK25</li>
        <li>罗技 GWP 鼠标</li>
        <li>苹果 AirPods 耳机</li>
        <li>惠普 HP 硒鼓 CC388AD</li>
        <li>科大讯飞录音笔 H1</li>
    </ul>
</div>
```

对照如图 8-36 所示的效果，设置第 5 个层的样式，具体代码如下。

```
#list {
    width: 192px;
    height: 218px;
    float: left;
    clear: left;
    padding-top: 50px;                      /*设置内容的起始位置*/
    background-position: center 6%;         /*设置背景图像的位置为：水平居中，距离顶部 6%*/
    background-image: url(images/left-bottom.jpg);
    background-repeat: no-repeat;
    background-color: #ececec;
    font-size: 16px;
    list-style-image: url(images/list.png);
    text-align: left;
}
```

上述代码设置了该层为浮动布局，代码为 float:left;，允许右侧出现元素，并设置了不允许左侧有并排的元素，代码为 clear:left;。该层同时使用背景颜色和背景图像，背景图像设置为水平居中，距离顶部 6%，且不重复。在该层样式中，还设置了列表使用项目图片，代码为 list-style-image: url(images/list.png);。另外，padding-top: 50px;表示该层的内容（即列表）开始的位置为距离边界 50px。

（8）设置第 6 个层的内容和样式。设置第 6 个层为底部版权信息，具体代码如下。

```
<div id="footer">某某版权所有 2021-2023</div>
```

设置该层的样式，具体代码如下。

```
#footer {
    width:100%;
    height:35px;
    line-height: 35px;
    background-color:#CCC;
    font-size: 15px;
    clear:both;
}
```

另外，还需要设置页面 body 及超链接的样式，具体代码如下。

```
body {
    margin-left: 0px;
    margin-top:0px;
    font-family:"宋体";
    text-align:center;
    font-size:11px;
```

```
}
a:link,a:visited,a:active
{
    text-decoration:none;
    color:#003366;
}
 a:hover
{
    color:blue;
    text-decoration:underline;
}
```

这样，就完成了整个电脑配件商城主页的设计。由于把所有的样式单独写入了外部样式表文件中，因此在页面 index.html 中只需要进行内容部分的编辑和修改，大大提高了网页的简洁性。

8.5 小结

使用盒子模型（DIV+CSS）进行布局，是当前网页流行的布局方式。在盒子模型中，HTML 页面中的元素被看作一个矩形的盒子 DIV，通过将内容放入盒子中，并设置盒子的样式 CSS 来实现布局。使用 DIV+CSS 布局完美地实现了内容和样式的分离，使网页结构更加清晰，这对于后期的网页维护和更新也是有益处的。

8.6 思考与练习

1．思考题

（1）盒子模型包括哪些主要属性？

（2）CSS3 新增的边框样式包括哪些属性？

（3）思考使用 DIV +CSS 进行布局的基本步骤。

2．操作题

（1）参照 8.4.1 节的例子，设计电脑配件商城主页的导航菜单，如图 8-40 所示。

图 8-40　电脑配件商城主页的导航菜单

（2）诗词是中华民族的文化瑰宝，我国诗词传统源远流长。诗词作为中华民族的文化瑰宝，其价值不仅在于给人类以艺术的熏陶，更能启迪人的思想，陶冶人的性情。在宋朝时期，诗词文化达到了前所未有的高度，也涌现出很多著名的诗人，如苏轼、李清照、辛弃疾等。下面请使用 DIV+CSS 设计如图 8-41 所示的宋朝著名诗人介绍主页。

提示步骤：

（1）建立 6 个层，为每个层添加内容。

（2）设置每个层的 CSS 样式。

（3）将样式应用到层。

图 8-41　宋朝著名诗人介绍主页

第9章 表单设计

表单是实现网页浏览者与服务器之间进行信息交互的一种重要元素，在 WWW 上它被广泛用于各种信息的搜集和反馈，例如，用户信息的注册、用户的登录、在线购物、网上聊天、管理银行账户等。随着网站对交互性需求的提高，表单在网页设计中越来越重要。

表单是一个集合，由众多的表单元素组成，如文本框、单选按钮、复选框、下拉列表和按钮等，从而实现不同的信息搜集需求。除传统的表单元素外，HTML5 提供了新的表单功能，为用户提供了更加友好的操作和便捷的表单验证。

本章围绕表单设计，主要讲述以下内容。

（1）表单概述。

（2）表单元素。

（3）HTML5 新增表单对象。

（4）表单应用实例。

9.1 表单概述

在网页制作过程中，经常要实现和用户的交互，如用户意见调查、用户登录等，此时就需要使用表单来实现。表单为用户提供了填写信息的区域，从而可以收集用户信息，使网页具有交互功能。

表单内的信息被提交到服务器中后，服务器端的脚本或应用程序（CGI 脚本、ASP、JSP、PHP 等）来处理这些数据，例如，将这些数据写入数据库中。用户也可以提交查询，服务器端的处理程序会检索数据库，把用户需要的信息传送到浏览器显示。如果服务器端没有提供相应的表单处理程序，那么客户端提交的表单数据也是无效的。

表单的基本语法格式如下。

```
<form id="form1"  name="form1"  method="post"  action="a.php">
```

```
    <input>
    ...
    <textarea></textarea>
    ...
    <select></select>
</form>
```

其中，<form>为表单框架，里面可包含多个表单元素，如输入域<input>、文本区域<textarea>、下拉列表<select>等。

<form>框架主要有以下 3 个属性。

（1）name 和 id：表单名称，定义了 name 和 id 属性后，脚本语言（JavaScript）可以通过 name 属性获得表单，并对表单进行控制。

（2）method：用于指定表单向服务器提交数据的方式，有两个属性值，分别是 get 和 post。由于 get 方式安全性较低，传送的数据量较少，因此一般使用 post 方式，Dreamweaver 默认的提交方式为 post。

（3）action：用于指定处理表单数据的服务器端脚本或应用程序，该脚本或应用程序可以是 CGI 脚本、ASP、JSP、PHP 等。例如，在下面的例子中，该表单数据被提交给 a.php 页面处理。

下面的例子实现了输入用户名和密码进行注册的过程，其操作步骤如下。

基本表单元素

（1）新建 HTML 页面，命名为 regist.html。

（2）在“设计”视图中，选择“插入”→“表单”→“表单”命令，插入一个表单，如图 9-1 所示。

图 9-1　插入表单

（3）选择“插入”→“表单”→“文本”命令，插入一个文本框，如图 9-2 所示。同样地，选择“插入”→“表单”→“密码”命令，插入一个密码框，如图 9-3 所示。

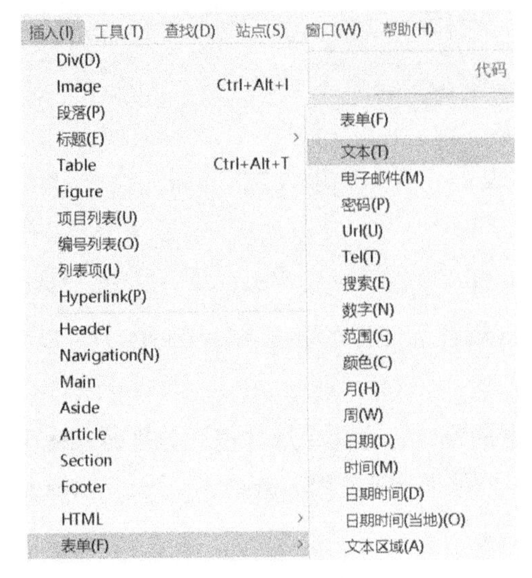

图 9-2　插入文本框

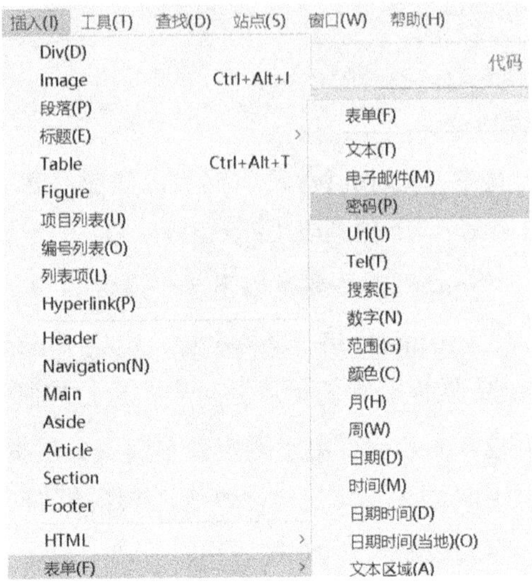

图 9-3　插入密码框

（4）此时会在页面内显示一个文本框和一个密码框，同时它们都会有一个对应的标签，名称为 Text Field 和 Password，将这两个标签名称分别改为“姓名”和“密码”，如图 9-4 所示。

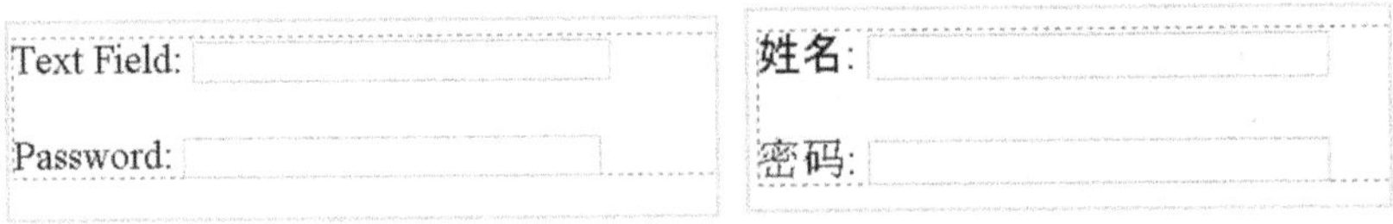

图 9-4　文本框和密码框显示方式

（5）选择“插入”→“表单”→“‘提交’按钮”命令，插入一个“提交”按钮。最终效果如图 9-5 所示。

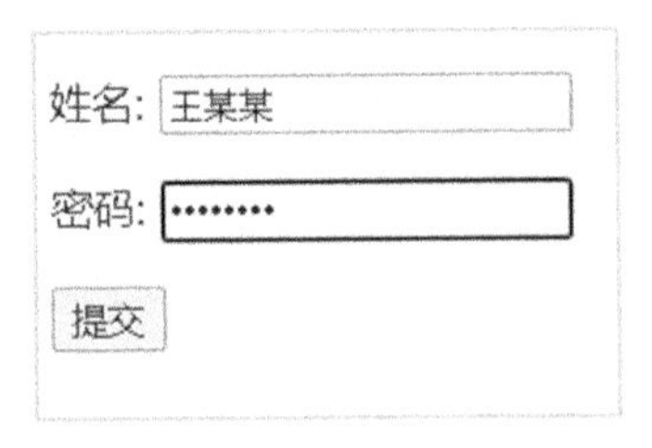

图 9-5　最终效果

<body></body>区域的代码如下。

```
<body>
  <form id="form1" name="form1" method="post">
    <p>
     <label for="textfield">姓名: </label>
```

```
        <input type="text" name="textfield" id="textfield">
      </p>
      <p>
        <label for="password">密码: </label>
        <input type="password" name="password" id="password">
      </p>
      <p>
        <input type="submit" name="submit" id="submit" value="提交">
      </p>
    </form>
</body>
```

9.2 表单元素

9.2.1 输入域（<input>）

<input>标签可以定义多种形式的输入域，包括文本框、密码框、隐藏域、文件上传、单选按钮和复选框等。其语法格式如下。

```
<form>
    <input  name=" "  type=" "  maxlength=" "  value=" ">
</form>
```

其中，name 和 type 是必选的两个属性，name 属性的值是相应程序中的变量名，type 属性表示输入域的类型。type 属性值主要包括以下几种。

（1）type="text"：文本框，表示该输入项的输入信息是字符串。此时，浏览器会在相应的位置显示一个文本框供用户输入信息。

（2）type="password"：密码框，当用户在输入内容时，用“*”来显示每个输入的字符，以保证密码的安全性。

（3）type="radio"：单选按钮，在使用单选按钮时，一般有多个选项，这些选项应该设置成同一个名字，即采用单选按钮组的形式。首先插入一个表单控件<form>，然后选择“插入”→“表单”→“单选按钮组”命令，弹出“单选按钮组”对话框（见图 9-6），单击“单选按钮”右侧的“+”图标，可以增加选项，并且可以修改每个单选按钮的标签和值，如图 9-7 所示。

如果要设置默认选项为“保密”，则可以在代码区的第 3 个选项中，添加 checked="checked"，即 <input type="radio" name="RadioGroup1" value="保密" id="RadioGroup1_2" checked="checked">，预览后得到如图 9-8 所示的效果。

单选按钮组
名称: RadioGroup1
单选按钮:
标签 值
单选 单选
单选 单选
布局，使用: 换行符（
 标签）
表格
确定
取消
帮助

图 9-6 “单选按钮组”对话框

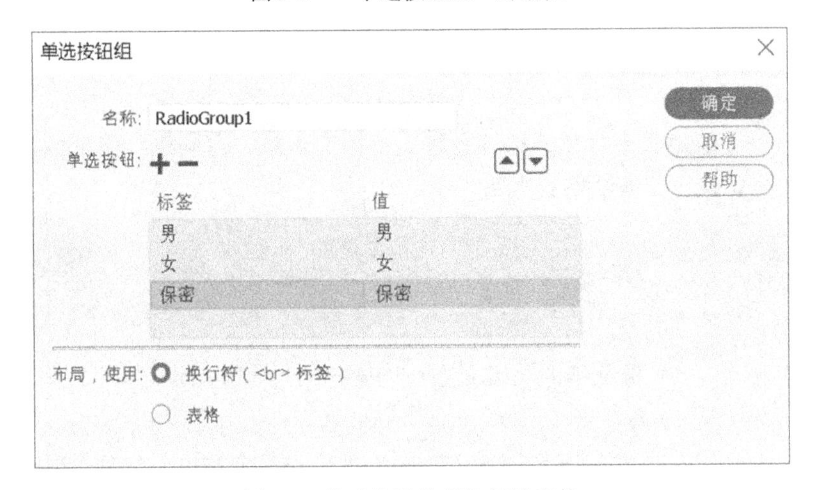

图 9-7 修改单选按钮的标签和值

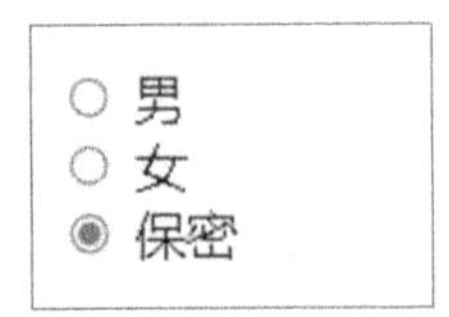

图 9-8 设置默认选项为“保密”

其完整的代码如下。

```
<form id="form1" name="form1" method="post">
  <p><label>
    <input type="radio" name="RadioGroup1" value="男"
    id="RadioGroup1_0">男</label> </br>
    <label>
    <input type="radio" name="RadioGroup1" value="女"
```

```
    id="RadioGroup1_1">女</label></br>
   <label>
   <input type="radio" name="RadioGroup1" value="保密"
    id="RadioGroup1_2" checked="checked">保密</label></br> </br>
  </p>
</form>
```

（4）type="checkbox"：复选框，可以同时选中多个。每个复选框都是独立的元素，且必须有不同的 name 属性值。和单选按钮 radio 一样，checkbox 使用 checked 属性表示被选中状态。例如，下面设置兴趣爱好选项，插入表单框架后，选择“插入”→“表单”→“复选框”命令，便可插入一个复选框，重复上述过程 3 次，共插入 4 个复选框，如图 9-9 所示。

请选择你的爱好 ☐ Checkbox ☐ Checkbox ☐ Checkbox ☐ Checkbox

图 9-9 插入复选框

接下来将 4 个复选框的内容分别修改为看书、唱歌、踢足球、旅游，同时在“代码”视图中，将“旅游”这一项设置为 checked，如图 9-10 所示。

```
<input type="checkbox" name="checkbox4" id="checkbox4" checked="checked"> 旅游
```

请选择你的爱好 ☐ 看书 ☐ 唱歌 ☐ 踢足球 ☑ 旅游

图 9-10 设置复选框

（5）type="hidden"：隐藏域，在网页中将一些信息（如用户个人信息或一些敏感信息等）设置为不可见时，可以将这些信息放到隐藏域里面。隐藏域只包含一个 value 属性，使用该属性可以传递各种参数到服务器中。下面的例子将用户的编号值存入 value 中，其 name 属性为 user_id，值为 61234。在后台，我们可以通过 post 或 get 方式获取这个值，并进行相应的处理，代码为<form><input type="hidden" name="user_id" value="61234" > </form>。

（6）type="file"：文件上传。可以将本地的某个文件以二进制数据流的形式上传至服务器中。选择“插入”→“表单”→“文件”命令，即可插入一个文件域，如图 9-11 所示。

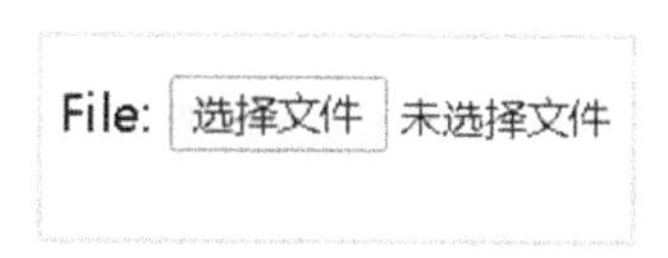

图 9-11 插入文件域

（7）type="button"：按钮，有如下 3 种类型。

① type="button"：普通按钮，可用于响应 JavaScript 事件。

② type="submit"：“提交”按钮，用于提交表单。

③ type="reset"：“重置”按钮，用于重置表单数据。

下面的例子给出了 3 种类型的 button，其中单击第 1 个按钮“点我取消”，会运行 JavaScript 代码，弹出消息框“操作错误!”，单击第 2 个按钮“提交”，会将表单数据提交到服务器中，单击第 3 个按钮“重置”，会将表单中已填好的数据清空。

```
<form id="form1" name="form1" method="post">
   <label for="user">用户名：</label>
   <input type="text" name="user" id="user">
   </br>
   <label for="pwd">密码：</label>
   <input type="text" name="pwd" id="pwd">
   </br>
   <input type="button" name="button" id="button" value="点我取消"
   onClick="alert('操作错误！')">
   <input type="submit" name="submit" id="submit" value="提交">
   <input type="reset" name="reset" id="reset" value="重置">
   </br>
</form>
```

<input>标签除了包含 type 和 name 属性，还包含如下 3 个属性。

（1）maxlength：设置单行输入域可以输入的最大字符数。例如，限制手机号码为 11 个数字、密码最多为 10 个字符等。

（2）value：指定输入域的默认值，可以通过设置 value 属性值来指定当表单首次被载入时显示在输入域中的值。

（3）readonly：表示该字段为只读属性，不能输入内容，如果希望用户看到某些信息，却又不想让其编辑，则可以添加 readonly 属性。该属性主要应用在文本框（<input type="text">）和文本区域（<textarea>）中。

9.2.2　文本区域（<textarea>）

文本区域是多行文本框，允许用户输入多行内容，主要应用在留言板或者聊天窗口中。选择“插入”→“表单”→“文本区域”命令，即可得到如图 9-12 所示的文本区域。

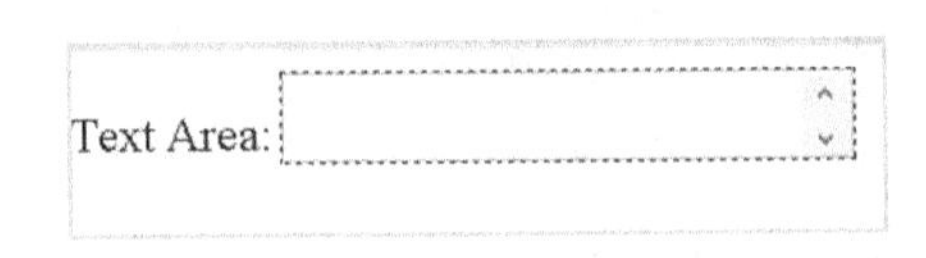

图 9-12　文本区域

在下方的“属性”面板中，可以设置文本区域的各个属性。例如，设置 Rows 为 8，表示显示 8 行；设置 Cols 为 50，表示字符宽度为 50px，如图 9-13 所示。

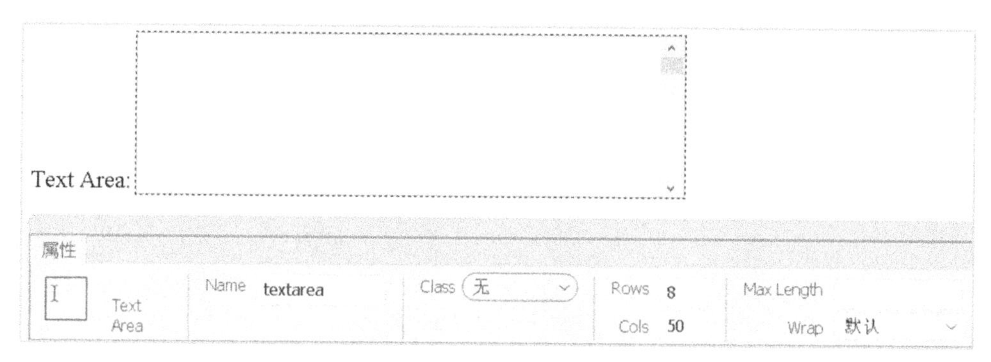

图 9-13 设置文本区域的属性

其具体代码如下。

```
<form>
   <label for="textarea">Text Area: </label>
   <textarea name="textarea" cols="50" rows="8" id="textarea"></textarea>
</form>
```

文本区域的具体属性包括以下 5 个。

（1）rows：设置文本区域可见的行数，如果实际输入的行数超出了设置的值，则将显示滚动条。

（2）cols：设置文本区域可见的字符宽度。

（3）readonly：只读属性，用户不能修改文本区域中的内容，当用户提交内容时此项内容会被提交到服务器。

（4）disable：设置该文本区域不可用，当用户提交内容时此项内容不会被提交到服务器。

（5）wrap：定义输入内容大于文本区域设定的可见字符宽度时的显示方式，有以下 3 个值。

① 默认值：文本自动换行，当输入内容超过限定的可见字符宽度时，自动跳转到下一行。

② off：关闭自动换行，当输入内容到达最右边时，文本将向左滚动，必须使用 return，才能让文本跳转到下一行。

③ virtule：允许自动换行，当输入内容到达最右边时，自动跳转到下一行。

9.2.3 下拉列表（<select>和<option>组合）

使用<select>和<option>组合，可以制作下拉列表。具体方法为：选择“插入”→“表单”→“选择”命令，插入一个下拉列表，在“属性”面板中，单击“列表值”按钮，在弹出的“列表值”对话框中，输入“项目标签”和“值”，如“浙江”，单击“+”图标，继续添加其他省份，单击“确定”按钮，完成下拉列表的制作，如图 9-14 和图 9-15 所示。

下拉列表

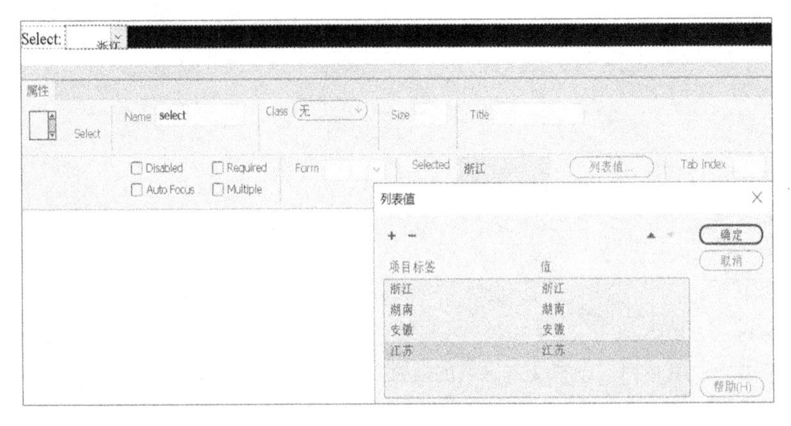

图 9-14　插入下拉列表

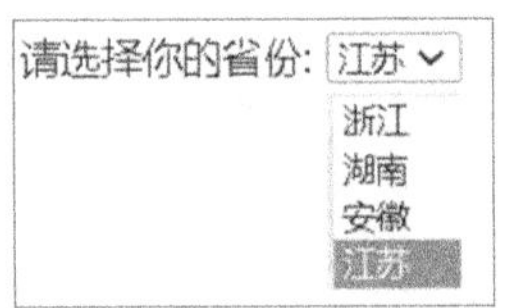

图 9-15　下拉列表效果

其具体代码如下。

```
<form id="form1" name="form1" method="post">
  <label for="select">请选择你的省份：</label>
  <select name="select" id="select">
    <option value="浙江" >浙江</option>
    <option value="湖南">湖南</option>
    <option value="安徽">安徽</option>
    <option value="江苏" selected="selected">江苏</option>
  </select>
</form>
```

在上面的下拉列表中，一开始显示的是“江苏”选项，这是因为设置了“江苏”选项为默认选项，即<option value="江苏" selected="selected">江苏</option>。

9.2.4　域集（<fieldset>）

域集（<fieldset>）可将表单内的相关元素分组，即将表单元素的一部分打包生成一组相关表单的字段。当将一组表单元素放到<fieldset>标签内时，可以通过设置 fieldset 的样式，让浏览器以特定的样式显示，如设置边界、3D 边框效果等。下面通过域集（<fieldset>）设置一个用户登录界面，如图 9-16 所示。

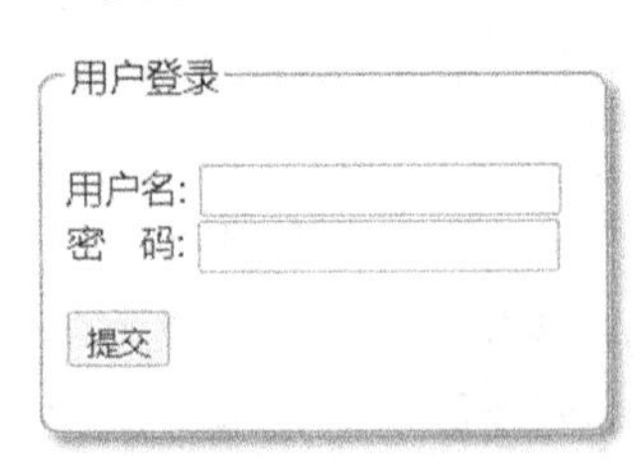

图 9-16　域集（<fieldset>）的应用

其具体操作步骤如下。

（1）建立一个页面，命名为 login.html。

（2）在“设计”视图中，选择“插入”→“表单”→“表单”命令，插入一个表单。

（3）选择“插入”→“表单”→“域集”命令，在弹出的“域集”对话框中，设置标签（<legend>）为“用户登录”，如图 9-17 所示。

图 9-17　设置域集标签

（4）选择“插入”→“表单”→“文本”命令，插入一个文本框。

（5）选择“插入”→“表单”→“密码”命令，插入一个密码框。

（6）选择“插入”→“表单”→“‘提交’按钮”命令，插入一个“提交”按钮。

其具体代码如下。

```
<fieldset>
    <legend>用户登录</legend>
    <p>
      <label for="textfield">用户名：</label>
      <input type="text" name="textfield" id="textfield">
      <label for="password"><br>
      密   码：</label>
      <input type="password" name="password" id="password">
    </p>
    <p><input type="submit" name="submit" id="submit" value="提交">
    </p>
</fieldset>
```

其中，<legend>标签为 fieldset 元素定义的域集标签。

同时，需要设置 fieldset 元素的样式，包括宽度、位置，以及盒阴影的边框效果。

```
fieldset{
   width: 220px;
   padding: 10px;
   border-radius: 8px;
   box-shadow: 4px 4px 4px gray;
}
```

9.2.5 设计留言板

本例实现了一个留言板的设计，如图 9-18 所示。

图 9-18 留言板

其具体操作步骤如下。

（1）新建一个页面，并重命名为 liuyan.html，在页面中插入一个 div 层，设置 div 层的宽度为 500px，距离左边 400px、上边 100px，背景颜色为白色。同时设置页面的背景图像，具体代码如下。

```
.div1{
    width:500px;
    margin-left:400px;
    margin-top:100px;
    background:#FFF;
}
body{
    background-image: url(img/bg3.jpg);
    background-repeat: no-repeat;
}
```

（2）在 div 层内，插入一个表单框架，框架里面使用表格布局，插入一张 6 行 2 列的表格，将表格宽度设置为 500px，依次合并单元格，并在单元格内输入文字内容。

（3）在“姓名”右边的单元格里面插入文本框。在“性别”右边的单元格里面插入单选按钮组，并设置“保密”选项为默认选项，即<label><input type="radio" name="gender" value="S" id="gender_2" checked="checked"/>保密</label>。在“E-mail”右边的单元格里面插入文本框。在“留言内容”右边的单元格里面插入文本区域，并设置文本区域的 cols="40"、rows="8"。插入一个“提交”按钮，完成所有表单元素的插入。

设置<body></body>区域的代码如下。

```
<body>
<div class="div1">
  <form id="form1" name="form1" method="post" action="">
    <table width="500" border="0">
     <tr>
       <td colspan="2" align="center"><h3>给我留言</h3></td>
     </tr>
     <tr>
       <td width="125">姓名</td>
       <td ><label for="txtname"></label>
       <input type="text" name="txtname" id="txtname" /></td>
     </tr>
     <tr>
       <td >性别</td>
       <td><p>
         <label>
         <input type="radio" name="gender" value="M" id="gender_0" />
           男</label>
         <label>
         <input type="radio" name="gender" value="F" id="gender_1" />
           女</label>
         <label>
         <input type="radio" name="gender" value="S" id="gender_2"
          checked="checked"/>保密</label> <br />
       </p></td>
     </tr>
     <tr>
       <td >E-mail</td>
       <td><label for="txtemail"></label>
       <input type="text" name="txtemail" id="txtemail" /></td>
     </tr>
     <tr>
       <td>留言内容</td>
       <td><label for="txtcontent"></label>
       <textarea name="txtcontent" id="txtcontent" cols="40"
        rows="8"></textarea> </td>
     </tr>
     <tr>
       <td colspan="2" style="text-align: center"><input type="submit"
```

```
        name="submit" id="submit" value="提交" /></td>
      </tr>
    </table>
  </form>
</div>
</body>
```

9.3 HTML5 新增表单对象

HTML5 的表单新特性提供了更多语义明确的表单类型，并能够及时响应用户请求。

9.3.1 HTML5 新增的表单输入类型

HTML5 新增了以下 8 种表单输入类型。

（1）电子邮件。电子邮件类型用于输入电子邮箱地址，该类型只允许输入包含“@”字样的标准电子邮箱格式的文本内容。该输入类型在表单元素 form 内可用于验证用户填写的是否为正确的电子邮箱地址，当用户提交表单时浏览器会自动验证文本框内的值是否有效。选择“插入”→“表单”→“电子邮件”命令，即可插入一个电子邮件类型的文本框。其代码如下。

```
<label for="email">E-mail: </label>
    <input type="email" name="email" id="email">
```

（2）Url。Url 类型用于创建包含 URL 的文本框。当用户提交表单时浏览器会自动验证文本框内的值是否有效。选择“插入”→“表单”→“Url”命令，即可插入一个 Url 类型的文本框。其代码如下。

```
<label for="url">URL: </label>
<input type="url" name="url" id="url">
```

（3）Tel。Tel 类型用于输入电话号码。该类型在 PC 端与普通文本框（text 类型）没有任何区别，但是在移动端使用该类型时会显示数字键盘，提高了用户体验。选择“插入”→“表单”→“Tel”命令，即可插入一个 Tel 类型的文本框。其代码如下。

```
<label for="tel">电话号码: </label>
<input type="tel" name="tel" id="tel">
```

（4）搜索。搜索类型用于创建搜索框。它是专门为输入搜索引擎关键词定义的文本框，如百度搜索、站内搜索等，没有特殊的验证规则，显示效果为普通单行文本框，当文本框内有输入内容且还处于焦点状态时，右边会出现快捷符号 x 用于清空搜索框内的文字内容。选择“插入”→“表单”→“搜索”命令，即可插入一个搜索框。其代码如下。

```
<label for="search">Search: </label>
<input type="search" name="search" id="search">
```

（5）数字。数字类型用于创建只能包含数值内容的文本框，还可以用 max 和 min 属性限定数值输入的最大值和最小值。选择“插入”→“表单”→“数字”命令，即可插入一个数字类型的文本框，还可以设置最大值和最小值。其代码如下。

```
<label for="number">Number: </label>
<input type="number" name="number" id="number" min="0" max="10" >
```

在上述代码中设置了最小值为 0、最大值为 10，网页显示 Number 后面有上下箭头，可以通过鼠标单击上下箭头选择数字，数字可选的范围为 0～10，如图 9-19 所示。

Number: 2

图 9-19　数字类型效果

（6）范围。范围类型用于创建包含数值范围的滑动条，用户可以直接拖动滑动条上的圆点进行数值的选择。一般使用 max 和 min 属性限定数值的最大值和最小值，使用 step 属性设置步长。选择“插入”→“表单”→“范围”命令，即可插入一个滑动条，同时可以设置最大值、最小值及步长。其代码如下。

```
<label for="range">Range:</label>
<input type="range" name="range" id="range" min="0" max="100" step="1" value="0">
```

效果显示为滑动条，如图 9-20 所示。

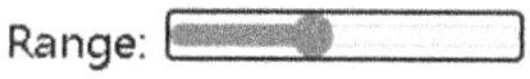

Range:

图 9-20　范围类型效果

（7）颜色。颜色类型用于创建颜色选择器。选择“插入”→“表单”→“颜色”命令，在打开的颜色选择器中，先选择一次上面的基本颜色，确定看到有变化后，就可以选择下面的自定义颜色了，如图 9-21 所示。

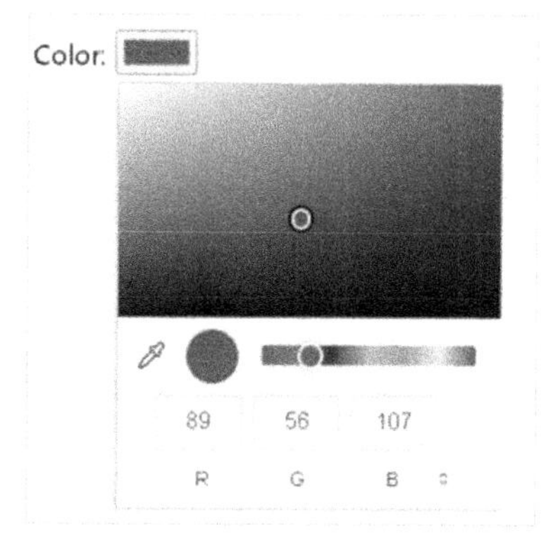

图 9-21　颜色类型效果

（8）Date pickers。Date pickers 类型用于创建日期选择器，具体包括月、周、日期、时间、日期时间和日期时间（当地）。

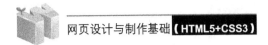

① 月：可用于选择年份和月份。

② 周：可用于选择年份和第几周。

③ 日期：可用于选择年月日。

④ 时间：可用于选择时间，包括小时和分钟。

⑤ 日期时间：可用于选择年月日和时间（UTC 时间）。

⑥ 日期时间（当地）：可用于选择年月日和时间（本地时间）。

以插入月为例，选择“插入”→“表单”→“月”命令，即可插入用于选择年份和月份的日期选择器，其他项目的操作方法与此类似。其代码如下。

```
<label for="month">Month:</label>
<input type="month" name="month" id="month"></br>
<label for="week">Week:</label>
<input type="week" name="week" id="week"></br>
<label for="date"> Date:</label>
<input type="date" name="date" id="date"></br>
<label for="time">Time:</label>
<input type="time" name="time" id="time"></br>
<label for="datetime">DateTime:</label>
<input type="datetime" name="datetime" id="datetime"></br>
<label for="datetime-local">DateTime-Local:</label>
<input type="datetime-local" name="datetime-local" id="datetime-local">
</br>
```

利用 Date pickers 类型设计页面的效果如图 9-22 所示，通过单击每个项目右边的小图标，就可以打开相应的日历，单击相应数字即可输入。

图 9-22　利用 Date pickers 类型设计页面的效果

9.3.2 HTML5新增的表单属性

HTML5 新增的表单属性主要有以下 8 种。

（1）autocomplete。autocomplete 属性用于规定 form 或 input 域具有自动完成功能。其属性值可取“on”、“off”和“”（不指定）这 3 种。把该属性值设置为“on”时，可以显示指定候补输入的数据列表；设置为“off”时，表示不保存输入值；设置为“”（不指定）时，使用浏览器的默认值。

（2）placeholder。placeholder 属性主要用于输入型控件中，可以设置当文本框还没有输入值的时候，显示描述性说明或者提示信息。例如，<input type="text" placeholder="在此输入">表示文本框还没有输入值时，显示“在此输入”字样。

（3）autofocus。autofocus 属性用于规定在页面加载时，域自动获得焦点。该属性适用于所有 input 元素的类型。

（4）list。list 属性主要是为单行文本框新增的属性，该属性的值为某个<datalist>标签的 id，需要与数据列表 datalist 元素配合使用。

（5）min、max。min、max 属性是为数字或范围类型的 input 元素新增的属性，用于规定所允许的数值范围。例如，设置范围类型的滑动条的数值范围为 0～100。

```
<input  name="md"  type="range" min="0"  max="100"  value="0">
```

（6）step。对于输入型控件，设置其 step 属性可以规定输入值递增或递减的数字间隔。

（7）required。required 为必填项属性，如果为某输入型控件设置了 required 属性，则表示此项为必填项，如果不输入内容，则无法提交表单。

（8）multiple。multiple 属性允许 input 元素同时输入多个值。

9.4 表单应用实例

用户注册是常见的表单应用，很多网站都会提供用户注册功能，用户通过注册后，可以获取网站积分、参加各种站内活动，同时可以对网站相关功能页面进行访问；而网站运营方则可以通过注册的用户来获取用户的喜好等特点，不断收集相关数据，把握网站的运营方向。

用户注册使用表单来实现，一般需要用户提供用户名、密码，以及用户的基本信息。本例制作了一个用户注册页面，如图 9-23 所示。

表单建立的操作步骤如下。

（1）新建页面，并保存为 regist.html。

（2）在“设计”视图中，选择“插入”→“表单”→“表单”命令，插入一个表单。

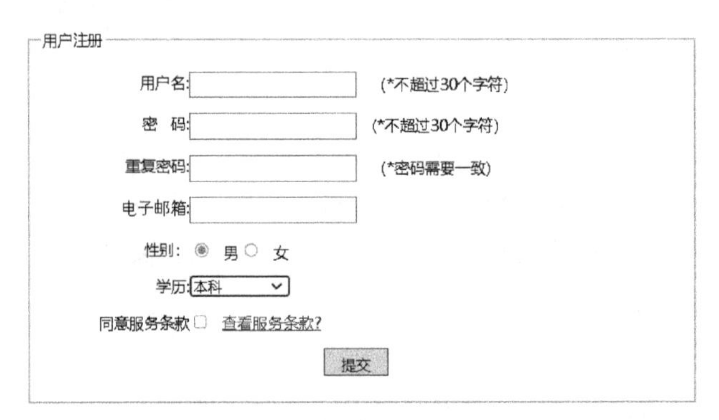

图 9-23　用户注册页面

（3）选择“插入”→“表单”→“域集”命令，插入一个域集（<fieldset>），并设置域集的标签（<legend>）为“用户注册”，单击“确定”按钮，如图 9-24 所示。

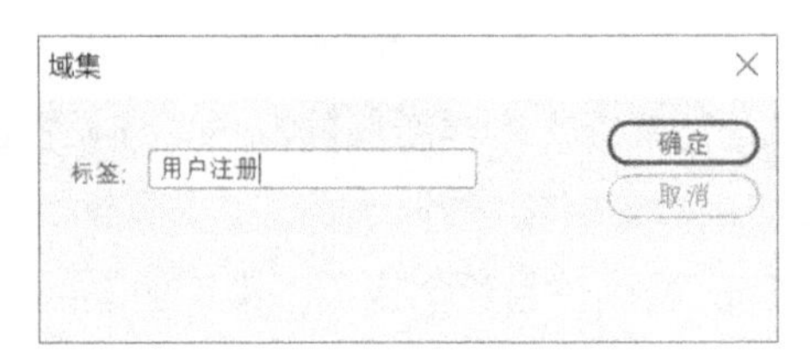

图 9-24　设置域集标签

（4）按回车键，在新的一行里，选择“插入”→“表单”→“文本”命令，并将标签改为“用户名”，在“属性”面板中，将文本框的 Name 设置为 username，在文本框后面，输入提示信息“(*不超过 30 个字符)”，如图 9-25 所示。

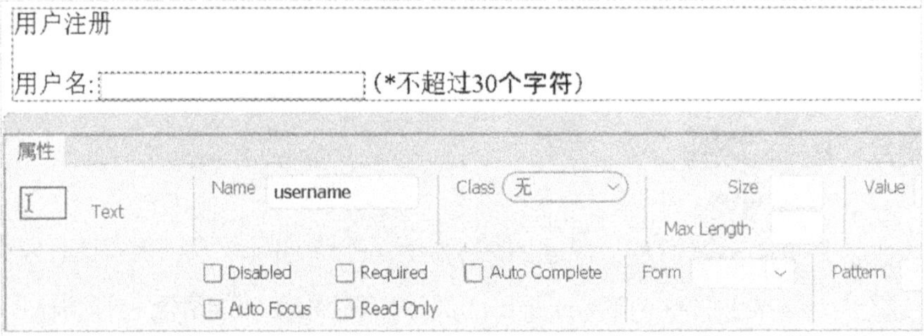

图 9-25　插入文本框

（5）按回车键，在新的一行里，选择“插入”→“表单”→“密码”命令，并将标签改为“密码”，同时在“属性”面板中，将密码框的 Name 设置为 pwd1，在密码框后面，输入提示信息“(*不超过 30 个字符)”。

（6）按回车键，在新的一行里，选择“插入”→“表单”→“密码”命令，并将标签改为“重复密码”，同时在“属性”面板中，将密码框的 Name 设置为 pwd2，在密码框后面，输入提示信息“(*密码需要一致)”。

（7）按回车键，在新的一行里，选择“插入”→“表单”→“电子邮件”命令，并将标签改为“电子邮箱”。

（8）按回车键，在新的一行里，选择“插入”→“表单”→“单选按钮组”命令，并将标签改为“性别”，在弹出的“单选按钮组”对话框中，输入“男”“女”两个标签，单击“确定”按钮，如图 9-26 所示。

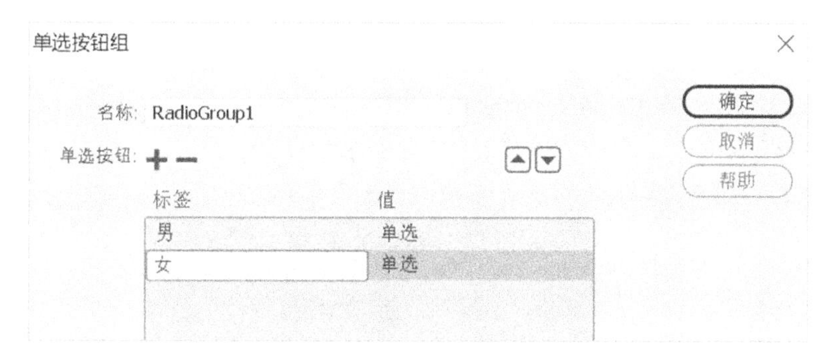

图 9-26　插入单选按钮组

（9）按回车键，在新的一行里，选择“插入”→“表单”→“选择”命令，并将标签改为“学历”，在“属性”面板中，更改 Name 为 edu，单击“列表值”按钮，在弹出的“列表值”对话框中，通过单击“+”图标添加各个选项，分别为“高中及以下（0）”“大专（1）”“本科（2）”“硕士研究生（3）”“博士研究生（4）”，单击“确定”按钮，如图 9-27 所示。同时在代码中，设置“本科”为默认选项：<option value="2" selected="selected">本科</option>。

图 9-27　添加下拉列表选项

（10）按回车键，在新的一行里，选择“插入”→“表单”→“标签”命令，将名称设置为“同意服务条款”，同时选择“插入”→“表单”→“复选框”命令，命名为 agree。在复选框后面插入文本“查看服务条款？”，并设置超链接：<a href="#">查看服务条款？</a>。

（11）选择“插入”→“表单”→“‘提交’按钮”命令，插入一个“提交”按钮。表单内容已初步设置完成，其具体代码如下。

```
<form id="form1" name="form1" method="post">
  <fieldset>
    <legend>用户注册</legend>
     <p>
      <label for="username">用户名: </label>
      <input type="text" name="username" id="username">
     (*不超过 30 个字符)</p>
    <p>
      <label for="pwd">密   码: </label>
      <input type="password" name="pwd1" id="pwd">
    (*不超过 30 个字符)</p>
    <p>
      <label for="password">重复密码: </label>
      <input type="password" name="pwd2" id="password">
     (*密码需要一致)</p>
    <p>
      <label for="email">电子邮箱:</label>
      <input type="email" name="email" id="email">
    </p>
    <p class="gender">
      <label for="gender">性别: </label>
        <label class="g1"><input type="radio" name="RadioGroup1"
        value="单选" id="gender_0">
        男</label>
       <label class="g1"><input type="radio" name="RadioGroup1" value="
        单选" id="gender_1">
        女 </label></p>
    <p> </p>
    <p>
      <label for="edu">学历: </label>
      <select name="edu" id="edu">
        <option value="0">高中及以下</option>
        <option value="1">大专</option>
        <option value="2" selected="selected">本科</option>
        <option value="3">硕士研究生</option>
        <option value="4">博士研究生</option>
      </select>
    </p>
```

```
    <p class="agree1">
      <label for="agree">同意服务条款</label>
      <input type="checkbox" name="agree" id="agree">
      <label></label>
      <a href="#">查看服务条款？</a></p>
    <p class="submit1">
     <input type="submit" name="submit" id="submit" value="提交">
    </p>
  </fieldset>
</form>
```

下面来美化表单，设置表单各项内容的样式，将这些样式放入一个新建的外部样式表文件 style6.css 中，并通过在用户注册页面的<head></head>区域内添加<link href="style6.css" rel="stylesheet" type="text/css"/>，导入该样式表文件。

（1）设置表单 form 和域集 fieldset 的整体样式。设置表单的宽度为 600px，居中对齐，表单内的文本大小为 14px；设置域集 fieldset 的外边距为 15px，居中对齐，设置文本对齐方式为左对齐，具体代码如下。

```
form{
    width:600px;
    font-size: 14px;
    margin: 0 auto;
}
fieldset{
    width:600px;
    margin: 15px;
    text-align: left;
}
```

（2）设置 input 和 label 的整体样式。设置 input 的宽度为 150px，高度为 20px，行高为 20px，并设置边框；设置 label 的宽度为 140px，并设置文本对齐方式为右对齐，具体代码如下。

```
input{
    margin-right: 10px;
    width:150px;
    height: 20px;
    line-height: 20px;
    border: 1px solid #094e56;
}
label{
    width:140px;
```

```
    float: left;
    text-align: right;
    line-height: 20px;
}
```

（3）为“提交”按钮设置特殊的样式，通过设置“提交”按钮外面的 p 元素的样式来实现，具体代码如下。

```
p.submit1{
    text-align: center
}
p.submit1 input{
    border: 1px solid #06090D;
    background: #abcedf;
    width:60px;
    height: 25px;
    line-height: 25px;
}
```

（4）为性别的 label 设置单独的样式，设置它们的宽度为自适应宽度，同时让“男”和“女”的标签对齐，具体代码如下。

```
p.gender input{
    width: auto;
    border: none;
    position: relative;
    top:3px;
}
p.gender label.g1{
    width: auto;
    position: relative;
    top:-6px;
}
```

9.5 小结

表单是实现网站交互功能的一个必不可少的元素。表单实现了采集用户的输入数据，并将数据提交给服务器的功能。一个表单有 3 个基本组成部分：表单标签<form>、表单域和表单按钮。表单域负责设计用户输入的形式，如文本框或下拉列表等；表单按钮负责表单的提交工作。HTML5 对表单的输入类型和表单属性都有增强，提高了表单的应用效率。

9.6 思考与练习

1. 思考题

（1）一个完整的表单结构由哪 3 个部分组成？

（2）传统的表单输入类型有哪些？

（3）HTML5 新增的表单输入类型有哪些？

2. 操作题

根据如图 9-28 所示的效果，设计一个用户信息反馈表单，要求表单包含文本框、单选按钮组、上传文件、文本区域、“提交”按钮。

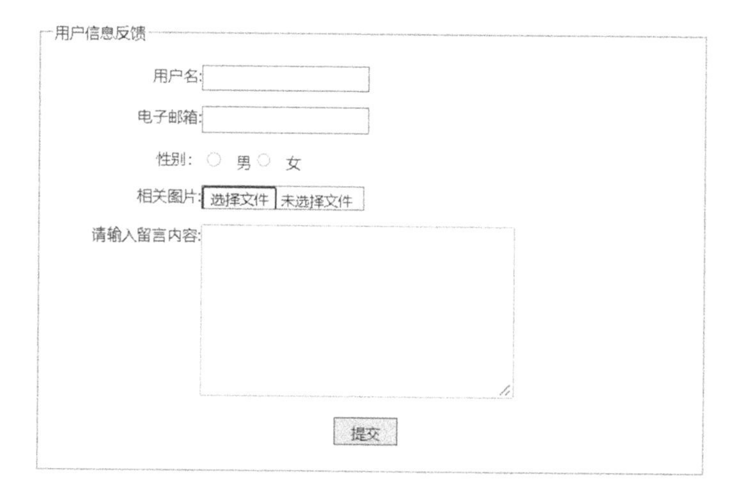

图 9-28　用户信息反馈表单

第10章 JavaScript 基础

JavaScript 是当前应用广泛的客户端脚本语言，用来在网页中添加一些动态效果与交互功能，是网页制作中非常重要的一部分内容。JavaScript 与 HTML 和 CSS 共同构成了完整的网页效果。其中，HTML 用来定义网页的内容，如标题、正文、图像等；CSS 用来控制网页的外观，如颜色、字体、背景等；JavaScript 用来实现网页的动态性和交互性，让网页更加生动。

本章围绕 JavaScript 基础，主要讲述以下内容。

（1）JavaScript 概述。

（2）JavaScript 程序基础。

（3）JavaScript 消息框。

（4）JavaScript 事件处理。

（5）JavaScript 应用实例。

10.1 JavaScript 概述

JavaScript 是由网景公司开发并随 Navigator 一起发布的、介于 Java 与 HTML 之间、基于对象事件驱动的客户端脚本语言。由于它的开发环境简单，不需要 Java 编译器，而是直接运行在 Web 浏览器中，因此备受 Web 设计者的喜爱。

10.1.1 JavaScript 特点

JavaScript 具有如下特点。

（1）解释性：不同于编译性语言，JavaScript 是解释性语言，直接由浏览器执行。

（2）简单性：语言结构简单，容易学习。

（3）安全性：不允许用户访问本地硬盘，同时不允许用户将数据存入服务器，不允许用户对网络文档进行修改和删除，用户只能通过浏览器实现信息浏览或动态交互，这样可以有效防止数据丢失。

（4）动态性：可以直接对用户输入做出响应，不需要通过 Web 服务器，它的响应是通过事件驱动完成的，如按下鼠标、选择菜单等。

（5）跨平台性：只依赖于浏览器本身，与操作环境无关，只要能运行浏览器并支持 JavaScript 的计算机就可以运行 JavaScript 程序。

10.1.2 JavaScript 代码的编写

下面来编写第 1 个 JavaScript 程序。下面的 JavaScript 代码实现了弹出消息框的功能，运行后屏幕会相继显示两个消息框，第一个是“欢迎光临 JavaScript 世界！”，第 2 个是“精彩内容即将呈现！”，具体代码如下。

```
<html>
  <head>
    <script Language ="JavaScript">
     alert("欢迎光临 JavaScript 世界!");
     alert("精彩内容即将呈现! ");
    </script>
  </head>
</html>
```

JavaScript 代码由<script Language ="JavaScript">...</script>说明，表示 JavaScript 脚本源代码将放入其中。alert()是 JavaScript 的窗口对象方法，其功能是弹出一个带有“确定”按钮的消息框并显示括号中的字符串内容。

10.1.3 JavaScript 代码的加入

可以将 JavaScript 代码放在<head>标签中，也可以直接将 JavaScript 代码加入<body>标签中，例如，下面将 JavaScript 代码直接放到<body>标签中，具体代码如下。

```
<body>
   <script Language ="JavaScript">
   alert("欢迎光临 JavaScript 世界!");
   alert("精彩内容即将呈现!");
   </script>
</body>
```

上述代码将在浏览器解析到<body>标签时被执行，弹出两个消息框。

10.1.4 JavaScript 代码的调用方式

JavaScript 代码的调用方式

JavaScript 代码包含以下 3 种调用方式。

（1）将 JavaScript 代码放在<head>标签中，定义成函数的形式，在<body>标签中调用。例如，下面在<head>标签中写了一个函数，函数的内容是弹出消息框，在<body>标签中通过按钮的单击事件来调用。具体代码如下。

```
<head>
    <script >
        function message()
        {
            window.alert("welcome!");
        }
    </script>
    <title>JavaScript 调用</title>
</head>
<body>
    <form action="post">
      <input type="button" onclick="message()" value="单击">
    </form>
</body>
```

在上述代码中，文档主体<body></body>区域内包含一个表单，该表单内有一个按钮，设置该按钮的单击事件 onclick="message()"，表示在单击按钮时，调用 message()函数，弹出一个 welcome 消息框，该函数定义在<head>标签内。效果如图 10-1 所示。

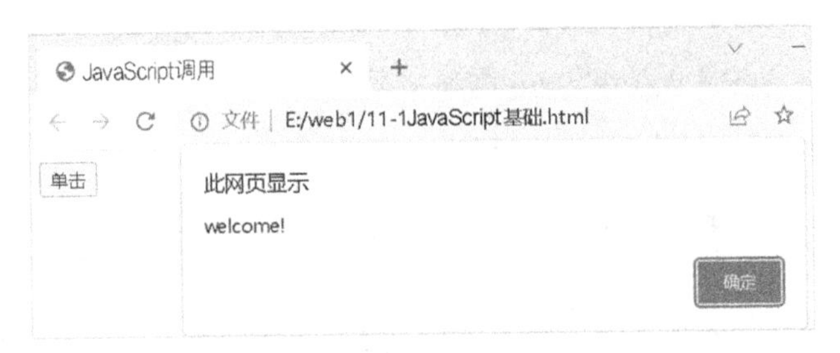

图 10-1 JavaScript 函数调用

（2）代码位于外部 JavaScript 文件中，在<head>标签中引入，在<body>标签中调用。这种方式应用得最多，把 JavaScript 代码写在一个单独的文件中，在<head>标签中调用。例如，这里写了一个 message()函数，放在 demo.js 文件中，需要把该文件在<head>标签中通过插入 JavaScript 的标签导入。在<body>标签的按钮的单击事件中调用了 message()函数。具体代码如下。

```
<!DOCTYPE html>
<html lang="en">
```

```
<head>
  <script src="demo.js"></script>
  <title>JavaScript 调用</title>
</head>
<body>
  <form action="post">
     <input type="button" onclick="message()" value="单击">
  </form>
</body>
</html>
```

demo.js 文件内容如下。

```
function message(){
  window.alert("welcome!");
}
```

（3）直接在<body>标签中写入 JavaScript 代码。例如：

```
<body>
    <script Language ="JavaScript">
      alert("欢迎光临！");
      alert("下面将进行代码学习");
    </script>
</body>
```

上述代码将在<body>标签中直接执行。这种方式一般不推荐使用，如果 JavaScript 内容比较多，则会影响网页的简洁性。

（4）直接写在事件处理的代码中。这种方式是指直接在按钮的单击事件中写入处理代码。这种方式适用于代码短小的情况，如果代码较多，则不适用。下面的代码实现了单击“点击我”按钮，弹出“操作错误”消息框。

```
<input type="button" onclick="alert('操作错误')" value="点击我">
```

10.2 JavaScript 程序基础

10.2.1 JavaScript 语句

JavaScript 语句是发给浏览器的命令，这些命令的作用是告诉浏览器该执行什么操作。语句的类型主要包括变量声明语句、输入/输出语句、表达式语句、程序流向控制语句和返回语句。

1. 语句

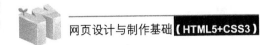

JavaScript 语句同 Java 语句相同，在语句中可以包含变量、关键字、运算符和表达式，语句结束符使用英文分号“;”，在语句的结尾处也可以不使用结束符。下面是 JavaScript 语句的示例。

```
var name = "王小鱼";
var r = 3.0;
c = 2*3.14 * r ;
```

其中，第 1 条语句定义了一个变量 name，将字符串“王小鱼”赋值给变量 name；第 2 条语句将小数 3.0 赋值给浮点变量 r；第 3 条语句是复合赋值语句，首先计算赋值运算符“=”右侧的表达式，然后将计算结果赋值给浮点变量 c。

2. 代码块

JavaScript 代码块使用一对大括号“{}”将多条 JavaScript 语句组合在一起，完成一个特定的功能。JavaScript 代码块一般在函数、条件结构、循环结构内部使用。下面是一个 JavaScript 函数的示例。

```
function verify(){
    r = 3.0;
    c = 2*3.14 * r ;
    alert(c);
}
```

其中，function 是声明 JavaScript 函数的关键字，verify()是函数名称，函数主体使用一对大括号“{}”括起来，使用大括号括起来的是 JavaScript 代码块。

3. 注释语句

JavaScript 的注释分为单行注释和多行注释，被注释的内容不会被执行。单行注释使用双斜杠，多行注释使用单斜杠加星号表示，具体代码如下。

```
var name="ss"; //定义一个变量
/*以下代码不会被执行
var n=5;
for(i=1;i<=n;i++)
s=s+i;
*/
```

10.2.2 程序结构语句

JavaScript 是通过语句、函数、对象、方法和属性来进行编程的，在程序结构上包括顺序、循环、选择 3 种基本结构。任何简单或复杂的算法都可以由这 3 种基本的结构组合而成。图 10-2 显示了这 3 种基本结构的流程图。

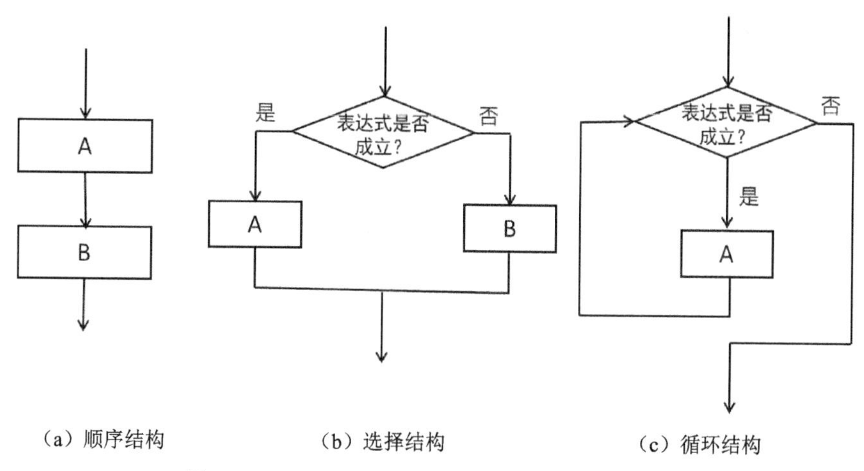

图 10-2 JavaScript 程序的 3 种基本结构的流程图

顺序结构是一种基本的控制结构，它按照语句出现的先后顺序执行操作。选择结构又被称为分支结构，根据表达式是否成立来执行不同的操作。循环结构是一种重复结构，如果表达式成立，则重复执行语句块 A，如果不成立，则跳出循环，执行后面的语句。这 3 种结构的共同点是都包含一个入口和一个出口，它们的每条代码都有机会被执行，不会出现死循环。

1. 选择结构 if 语句

if 语句的基本语法格式如下。

```
if(条件表达式)
语句块1;
...
else
语句块2;
...
```

功能：若条件表达式为 true，则执行语句块 1，否则执行语句块 2。

下面的代码定义了一个变量 score，用来存放用户在对话框里面输入的成绩，系统判断成绩是否及格，并在网页上输出系统判断的结果，效果如图 10-3 和图 10-4 所示。

```
<body>
    <script type="text/javascript">
        var score = prompt("请输入你的成绩");
        if (score >= 60)
        {
            document.write("考试成绩为"+score+"分，及格！");
        }
        else
        {
```

```
            document.write("考试成绩为"+score+"分，不及格！");
        }
    </script>
</body>
```

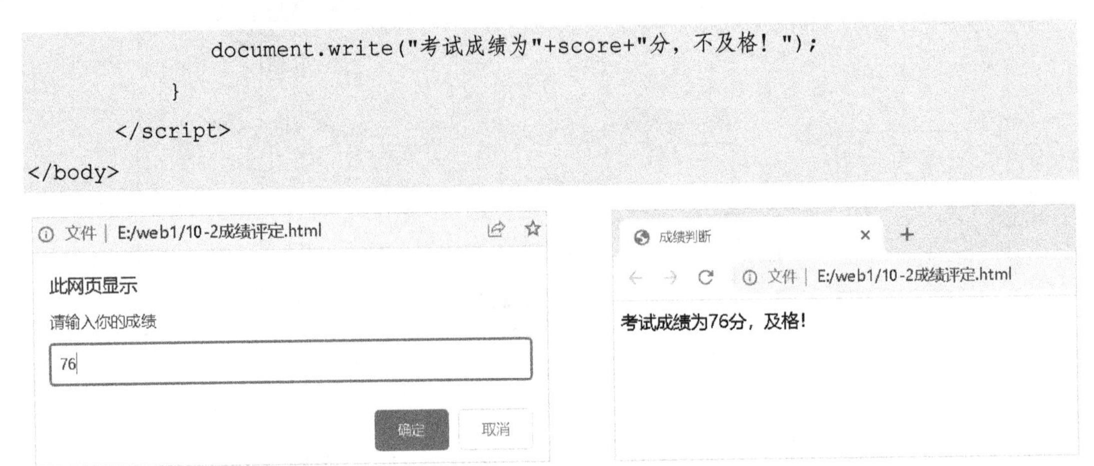

图 10-3　输入成绩　　　　图 10-4　成绩显示

2. if 嵌套语句

成绩等级划分

if 嵌套语句用于处理有多个分支的情况，其执行过程为依次判断条件表达式的值，如果值为 true，则执行相应的语句；否则执行 else 后面的语句。具体语法格式如下。

```
if（条件表达式）语句块1；
else if（条件表达式）语句块2；
else if（条件表达式）语句块3；
...
else 语句块4；
```

下面的例子实现了更多等级的成绩判断，根据用户输入的成绩进行判断，成绩在 90 分及以上的为优秀，在 80（包含 80）～90 分为良好，在 70（包含 70）～80 分为中等，在 60（包含 60）～70 分为及格，在 60 分以下为不及格。例如，输入“89”，输出为“考试成绩为 89 分，良好！”。具体代码如下，其效果如图 10-5 和图 10-6 所示。

```
<body>
    <script type="text/javascript">
            var score =prompt("请输入你的成绩");
            if (score >=90)
            {
               document.write("考试成绩为"+score+"分，优秀！");
            }
            else if(score >=80)
            {
               document.write("考试成绩为"+score+"分，良好！");
            }
            else if(score >=70)
            {
```

```
            document.write("考试成绩为"+score+"分，中等！");
        }
        else if(score >=60)
        {
            document.write("考试成绩为"+score+"分，及格！");
        }
        else
        {
            document.write("考试成绩为"+score+"分，不及格！");
        }
    </script>
</body>
```

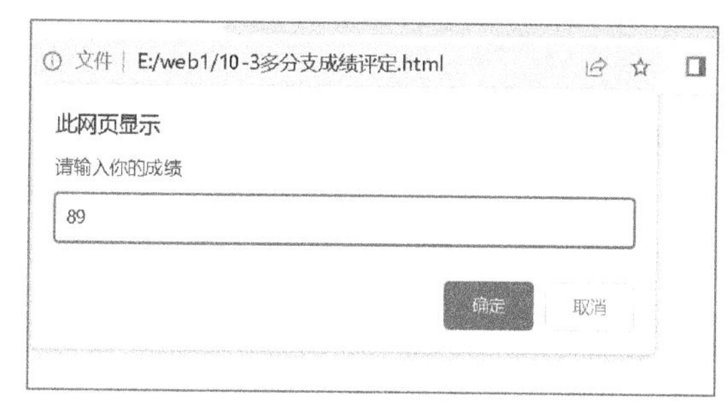

图 10-5　输入成绩

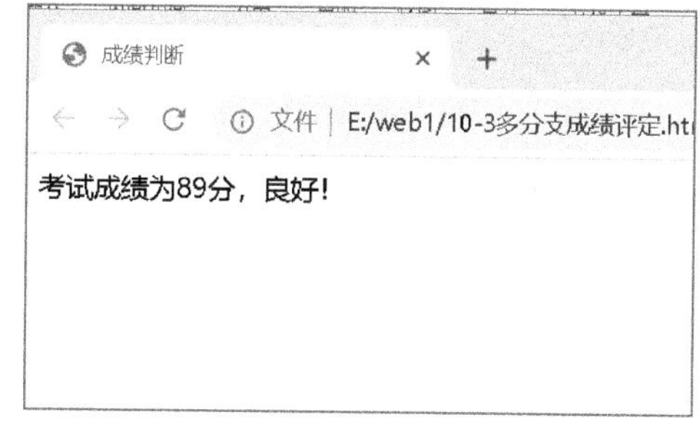

图 10-6　成绩显示

3. 选择结构 switch 语句

switch 语句也是多分支的选择结构。将 switch 语句的表达式的值，依次与 case 语句后的表达式的值进行比较，如果相等，则执行 case 语句后的语句块，只有遇到 break 语句或者 switch 语句结束才终止；如果不相等，则继续查找下一条 case 语句。如果所有 case 语句的判断结果都为 false，则从 default 语句处开始执行代码。利用 switch 语句实现上面的成绩等级例子的代码如下。

```
<script type="text/javascript">
  var score =prompt("请输入你的成绩");
  switch(Math.floor(score/10))//获得输入成绩的十位上的数字
  {
    case 10:
    case 9:document.write("考试成绩为"+score+"分，优秀！");break;
    case 8:document.write("考试成绩为"+score+"分，良好！");break;
    case 7:document.write("考试成绩为"+score+"分，中等！");break;
    case 6:document.write("考试成绩为"+score+"分，及格！");break;
    case 5:
    case 4:
    case 3:
```

```
  case 2:
  case 1:
  case 0:document.write("考试成绩为"+score+"分，不及格！");break;
  default:document.write("输入错误！");break;
 }
</script>
```

其中，Math.floor(score/10)表示将输入成绩 score 除以 10 以后，向下取整，即取小于或等于商的最大整数。例如，score=96，则计算后的结果为 9。

4．循环结构 for 语句和 while 语句

for 语句和 while 语句都可以实现循环的功能，其中 for 语句的基本语法格式如下。

```
for(初始化;条件;增量)
{语句块;}
```

功能：实现条件循环，当条件成立时，循环执行语句块，否则跳出循环体。

参数说明如下。

初始化参数用于确定循环的开始位置，必须赋予变量的初始值。

条件用于确定循环停止时的条件。若条件满足，则循环执行语句块，否则跳出循环体。

增量主要用于定义循环控制变量在每次循环时按什么方式变化。循环控制变量是指在循环中用来控制循环次数的变量。一般在循环开始时，需要给这个变量赋予一个初始值，接下来在每次循环中对它进行更新，从而实现对循环次数的控制。

3 个主要参数之间必须使用分号（;）分隔。

下面的代码实现了求 1～100 的数字之和。

```
<body>
      <script type="text/javascript">
          var i, sum = 0;
          for (i = 1; i <= 100; i++)
          {
              sum = sum + i;
          }
          document.write("1～100 的数字之和为" + sum);
      </script>
</body>
```

还有一种循环语句为 while 语句，其基本语法格式如下。

```
while(条件)
{语句块};
```

该语句与 for 语句一样，当条件为真时，循环执行语句块，否则跳出循环体。上面求和的例子用 while 语句实现的代码如下。

```
<body>
    <script type="text/javascript">
        var i = 1, sum = 0;
        while (i <= 100)
        {
            sum = sum + i;
            i = i + 1;
        }
        document.write("1～100 的数字之和为" + sum);
    </script>
</body>
```

10.2.3 函数

函数是预先编写好的用于完成某一个独立功能的代码组合，是由事件驱动或者被调用的能够重复执行的单元。JavaScript 函数定义如下。

```
function 函数名 (参数,变元)
{函数体;
return 表达式;}
```

函数由关键字 function 定义，后面的函数名表示用户自己定义的函数名称，函数名区分字母大小写。参数是传递给函数使用或操作的值，其值可以是常量、变量或其他表达式。用户通过指定函数名(实参)来调用一个函数，当调用函数时，所用变量或字面量均可作为变元传递。需要注意的是，必须使用 return 将值返回。

下面在<head></head>区域中写了名称为 c(n1,n2)的函数，函数的功能是返回两个参数（n1 和 n2）和的 2 倍的结果，具体代码如下。

```
<head>
<meta charset="utf-8">
<title>无标题文档</title>
<script language="javascript">
 function c(n1,n2) {
   return (n1+n2)*2;                //该函数返回(n1+n2)*2 的值
 }
</script>
```

在<body></body>区域中，写入 JavaScript 代码，调用该函数，具体代码如下。

```
<script language="javascript">
   var n1=parseFloat(prompt("请输入长"));
   var n2=parseFloat(prompt("请输入宽"));
   var zhouchang=c(n1,n2); //调用 c()函数，计算周长
```

```
    window.alert("长方形的周长是"+zhouchang);
</script>
```

在上述语句中，prompt()是一个消息框，用于获得用户的输入信息。在本例中，使用两个消息框，获得用户输入的长和宽，使用消息框显示计算的结果。图 10-7 所示为运行结果。

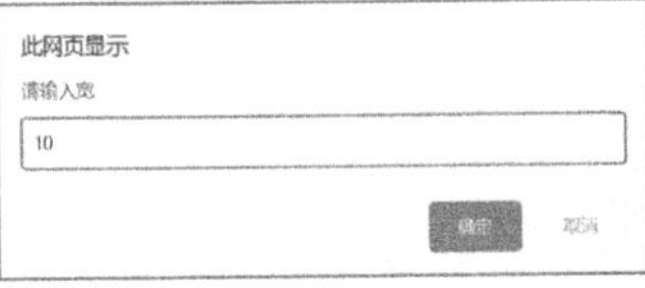

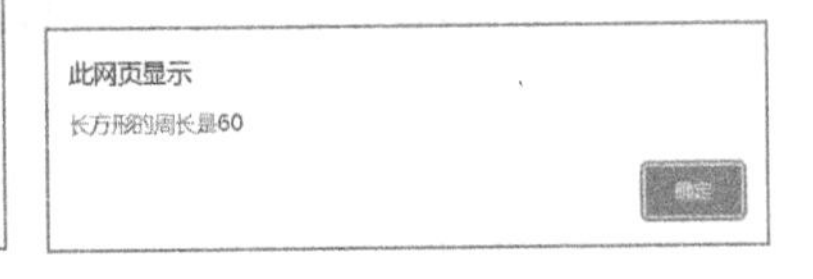

图 10-7　运行结果

10.3 JavaScript 消息框

JavaScript 消息框主要有以下 3 种类型。

（1）警告框：alert(message)。

（2）确认框：confirm(message)。

（3）提示框：prompt(text,defaultValue)。

警告框 alert(message)用于弹出警告消息。例如，执行下面的 JavaScript 代码后，会弹出 3 条警告消息。

```
<script Language ="JavaScript">
  // JavaScript Appears here
  alert("此次执行将删除所有的数据！");
  alert("请再次确认是否已经保存数据！");
  alert("数据删除后将不能再恢复！");
</script>
```

确认框 confirm(message)带有两个按钮，一个是“确定”按钮，一个是“取消”按钮，系统可以根据用户的选择做出不同的处理。下面的代码定义了一个 show_confirm()函数，在函数里面使用确认框，用户如果单击“确定”按钮，则返回的值是 1，如果单击“取消”按钮，则返回的值是 0。系统根据用户的选择，如果用户单击的是“确定”按钮，则弹出消息框“您单击了‘确定’按钮!”，否则，弹出消息框“您单击了‘取消’按钮!”。

```
<head>
<meta charset="utf-8">
<title>消息框演示</title>
    <script type="text/javascript">
        function show_confirm()
        {
            var r=confirm("是否继续？请单击按钮!");
            if (r==1)
```

```
            {
                alert("您单击了“确定”按钮！");
            }
            else
            {
                alert("您单击了“取消”按钮！");
            }
        }
    </script>
</head>
```

在<body></body>区域中加入表单和按钮，该按钮名称显示为“确定”，在“确定”按钮的代码中，设置 onClick="show_confirm()"，表示单击该按钮，调用 show_confirm()函数。具体代码如下。

```
<body>
  <form id="form1" name="form1" method="post">
    <input type="button" name="button" id="button" value="确定"
     onClick="show_confirm()">
  </form>
</body>
```

运行结果如图 10-8 所示。

图 10-8　运行结果（1）

提示框 prompt(text,defaultValue)允许用户输入，参数 text 表示提示信息，参数 defaultValue 表示默认的输入值，此项也可以省略。例如，下面的提示框要求用户输入姓名，然后获取用户的输入，如果输入的姓名不是空的，就在网页中输出“您好，姓名！”。在本例中，getname()函数通过按钮的单击事件来调用。具体代码如下。

```
<script type="text/javascript">
        function getname()
        {
            var name=prompt("请输入您的姓名")
            if (name!=null && name!="")
            {
                document.write("您好，" + name + "！")
            }
        }
</script>
```

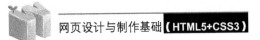

在<body></body>区域中插入表单和一个按钮，通过单击按钮调用 getname()函数，具体代码如下。

```
<body>
  <form id="form1" name="form1" method="post">
    <input type="button" name="button" id="button" value="点我开始"
     onClick="getname()">
  </form>
</body>
```

运行结果如图 10-9 所示，单击“点我开始”按钮，弹出消息框，要求用户输入姓名，如果输入不为空，则在网页中输出“您好，姓名！”。

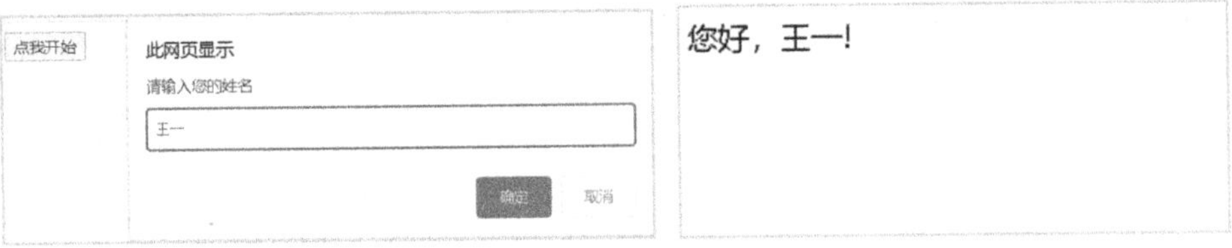

图 10-9　运行结果（2）

下面的例子使用 3 个消息框，实现了简单的心理测试功能。打开页面后，首先给出提示信息，单击“确定”按钮后，要求用户输入姓名，获得用户的姓名后，显示欢迎信息，单击“确定”按钮后进入心理测试，根据用户的回答，给出心理测试的结果。运行结果如图 10-10 所示。

图 10-10　运行结果（3）

其具体代码如下。

```
<body>
  <script type="text/javascript">
    window.alert("即将开启心理测试");
    var name=window.prompt("请输入你的姓名")
    var n=window.confirm(name+"，你好，现在进入心理测试吗？")
    if (n==0)
     {
       alert("好吧，下次见，byebye~");
       window.close();
     }
    else
     {
      var answer=window.prompt("你是怎么吃苹果的？ A.直接啃 B.切成一小块一小块吃 C.削了皮
再吃 D.再次加工，做成水果羹吃","A")
       switch (answer){
        case "A":
           window.alert("你是一个非常直率的人，喜欢跟简单直接的人交往，内心淳朴")
         break;
        case "B":
           window.alert("你是一个稳重踏实的人，很多时候更加注重细节问题，追求完美")
         break;
        case "C":
           window.alert("你是一个内心温柔的人，渴望浪漫，很善良，愿意帮助别人")
         break;
        case "D":
           window.alert("你是一个非常严谨的人，生活总是很有规律，喜欢科学健康的生活方式，并
且十分有毅力")
         break;
        }
     }
  </script>
</body>
```

10.4 JavaScript 事件处理

JavaScript 采用事件驱动（event-driven）的模式。通常鼠标或热键的动作被称为事件（Event），而由鼠标或热键引发的一连串程序的动作，被称为事件驱动（Event Driver），对事件进行处理的程序或函数，被称为事件处理程序（Event Handler）。

在 JavaScript 中，对象事件的处理通常由函数（Function）负责，可以将前面所介绍的所有函数作为事件处理程序。

其语法格式如下。

```
function 事件处理名(参数表){事件处理语句集;…}
```

JavaScript 主要有以下事件。

（1）单击事件 onClick。

（2）改变事件 onChange。

（3）选中事件 onSelect。

（4）获得焦点事件 onFocus。

（5）失去焦点事件 onBlur。

（6）加载事件 onLoad。

（7）卸载事件 onUnload。

下面的代码定义了一个函数 loadform()，这个函数在页面的加载事件 onLoad 中被调用。网页运行的效果为：当打开页面时，将弹出“欢迎光临本网站！”消息框。

```
<head>
<meta charset="utf-8">
<title>无标题文档</title>
<script Language="JavaScript">
  function loadform()
    {alert("欢迎光临本网站！");}
</script>
</head>
<body onLoad="loadform()" >
</body>
```

下面的代码实现了对用户的文本框输入进行判断的功能，如果输入为空，则提示用户输入；如果输入正确，则显示欢迎信息。

```
<head>
  <meta charset="utf-8">
  <title>验证用户</title>
  <script language="javascript" type="text/javascript">
    function testname() {
        if(document.form1.user1.value=="" ||ocument.form1.user1.value
          =null)
        alert("姓名不能为空！请输入");
      else
        alert("欢迎你！"+document.form1.user1.value);
```

```
    }
  </script>
</head>
<body>
  <form id="form1" name="form1" method="post">
    <label for="textfield">姓名: </label>
    <input type="text" name="user1" id="user1">
    <input type="button" name="button" id="button" value="提交"
     onClick="testname()">
  </form>
</body>
```

下面的例子实现了图片切换的功能。在图片里面定义了两个事件，分别是 onmouseover（鼠标指针经过时的事件）和 onmouseout（鼠标指针移出时的事件），这两个事件分别对应前面定义的两个函数：mouseover()和 mouseout()。

mouseover()函数的功能是将文档中 id 为 pic1 的对象的 src 属性设置为 food1.jpg，其中 pic1 是文档中的 img 对象，也就是把图片设置为 food1.jpg。mouseout()函数的功能是把图片设置为 food2.jpg，这样就实现了将鼠标指针放在图片上，显示 food1.jpg 图片，将鼠标指针移出图片区域，显示 food2.jpg 图片，从而实现图片切换的功能，具体代码如下，其效果如图 10-11 所示。

```
<html>
<head>
  <meta charset="utf-8">
  <title>图片切换效果</title>
  <script language="javascript" type="text/javascript">
    function mouseover()
      {
        document.getElementById("pic1").src="images/food1.jpg" ;
      }
    function mouseout()
      {
        document.getElementById("pic1").src="images/food2.jpg";
      }
    </script>
</head>
<body>
  <h2>将鼠标指针放在图片上，并将鼠标指针移出图片区域，可查看图片切换效果</h2>
  <p>
    <img src="images/1.jpg" id="pic1" alt="图片切换效果"
     onmouseover="mouseover()" onmouseout="mouseout()"/>
  </p>
```

```
</body>
</html>
```

图 10-11　通过 JavaScript 实现图片切换效果

10.5 JavaScript 应用实例

本例使用 DIV+CSS 布局，并利用 JavaScript 代码，实现图片浏览的特效：将鼠标指针放在小图上面，可以显示相应的大图，如图 10-12 所示。

图 10-12　图片浏览特效

其操作步骤如下。

（1）新建一个 HTML 文档，在页面中插入 4 个层，并在每个层中插入一张小图，具体代码如下。

```
<div id="apDiv1"><img src="img/1-1.jpg" alt="玫瑰蛋糕" width="120" height="75" /></div>
<div id="apDiv2" ><img src="img/2-1.jpg" alt="雪泥布丁" width="120" height="75" /></div>
<div id="apDiv3"><img src="img/3-1.jpg" alt="五彩棉花糖" width="120" height="75" /></div>
<div id="apDiv4" ><img src="img/4-1.jpg" alt="五星彩色糖" width="120" height="75" /></div>
```

（2）设置这 4 个层的样式：position 样式为绝对定位（absolute），并设置相应的偏移位置 left 和 top，具体代码如下。

```
#apDiv1 {
    position: absolute;
    left: 138px;
    top: 15px;
    width: 120px;
    height: 75px;
    z-index: 1;
}
#apDiv2 {
    position: absolute;
    left: 306px;
    top: 15px;
    width: 120px;
    height: 75px;
    z-index: 2;
}
#apDiv3 {
    position: absolute;
    left: 472px;
    top: 15px;
    width: 120px;
    height: 75px;
    z-index: 3;
}
#apDiv4 {
    position: absolute;
```

```
    left: 640px;
    top: 16px;
    width: 120px;
    height: 75px;
    z-index: 4;
}
```

（3）插入一个层，并在里面插入一条水平线，设置该层的样式为#apDiv5，具体代码如下。

```
<div id="apDiv5" > <hr size="2" color="#941800" /></div>
#apDiv5 {
    position:absolute;
    left:47px;
    top:103px;
    width:898px;
    height:27px;
    z-index:9;
    color: #C09;
}
```

（4）依次插入 4 个层，在每个层里面放置小图对应的大图，并设置初始状态为隐藏（visibility: hidden;），具体代码如下。

```
<div id="apDiv6"><img src="img/1-2.jpg" width="800" height="500" /></div>
<div id="apDiv7"><img src="img/2-2.jpg" width="800" height="500" /></div>
<div id="apDiv8"><img src="img/3-2.jpg" width="800" height="500" /></div>
<div id="apDiv9"><img src="img/4-2.jpg" width="800" height="500" /></div>
```

设置上面 4 个层的样式，具体代码如下。

```
#apDiv6 {
    position:absolute;
    left:150px;
    top:180px;
    width:500px;
    height:500px;
    z-index:5;
    visibility: hidden;
}
#apDiv7 {
    position:absolute;
    left:150px;
    top:180px;
    width:500px;
    height:500px;
```

```
    z-index:6;
    visibility: hidden;
}
#apDiv8 {
    position:absolute;
    left:150px;
    top:180px;
    width:500px;
    height:500px;
    z-index:7;
    visibility: hidden;
}
#apDiv9 {
    position:absolute;
    left:150px;
    top:180px;
    width:500px;
    height:500px;
    z-index:8;
    visibility: hidden;
}
```

（5）在<head></head>区域中添加图片显示和隐藏的 JavaScript 代码如下。

```
<script type="text/javascript">
<!--
function MM_showHideLayers() { //JavaScript
  var i,p,v,obj,args=MM_showHideLayers.arguments;
  for (i=0; i<(args.length-2); i+=3)
  with (document) if (getElementById && ((obj=getElementById(args[i]))!=null))
{ v=args[i+2];
    if (obj.style) { obj=obj.style; v=(v=='show')?'visible':(v=='hide')?'hidden':
v; }
    obj.visibility=v; }
}
//-->
</script>
```

（6）为小图设置动态效果，定义当鼠标指针移动到小图所在的层时（onmouseover 事件），显示对应大图所在的层；当鼠标指针移出该层时（onmouseout 事件），隐藏对应的大图所在的层。例如，对于图片 1-1.jpg 所在的层，当鼠标指针经过该层时，onmouseover="MM_showHideLayers('apDiv6','','show')"，调用 MM_showHideLayers()函数，让对应的 apDiv6 显示（show），当鼠标指针移出该层时，onmouseout="MM_showHideLayers('apDiv6','','hide')"，调用 MM_showHideLayers()函数，让对应的 apDiv6 隐藏（hide）。具体代码如下。

```
<div id="apDiv1" onmouseover="MM_showHideLayers('apDiv6','','show')" onmouseout=
"MM_showHideLayers('apDiv6','','hide')"><img  src="img/1-1.jpg"  alt="玫瑰蛋糕"
width="120" height="75" /></div>
<div id="apDiv2" onmouseover="MM_showHideLayers('apDiv7','','show')" onmouseout=
"MM_showHideLayers('apDiv7','','hide')"><img  src="img/2-1.jpg"  alt="雪泥布丁"
width="120" height="75" /></div>
<div id="apDiv3" onmouseover="MM_showHideLayers('apDiv8','','show')" onmouseout=
"MM_showHideLayers('apDiv8','','hide')"><img  src="img/3-1.jpg"  alt="五彩棉花糖"
width="120" height="75" /></div>
<div id="apDiv4" onmouseover="MM_showHideLayers('apDiv9','','show')" onmouseout=
"MM_showHideLayers('apDiv9','','hide')">
<img src="img/4-1.jpg" alt="五星彩色糖" width="120" height="75" /></div>
```

10.6 小结

JavaScript 是实现网页和用户交互的主要手段，通过使用 JavaScript，可以在网页中添加一些动态效果与交互功能。本章重点介绍了 JavaScript 的一些基础知识，以及基本的 JavaScript 语句的添加和使用方法。更多的内容，读者可以参考动态网页开发的相关书籍。

10.7 思考与练习

1. 思考题

（1）JavaScript 代码的 4 种主要调用方式是什么？

（2）什么是函数？简述自定义 JavaScript 函数的基本过程。

（3）JavaScript 的消息框有哪几种类型？

2. 操作题

建立一个花卉欣赏页面，如图 10-13 所示，实现当鼠标指针放在小图上时，显示相应大图的效果。图片可自行选择。

图 10-13　花卉欣赏页面

反侵权盗版声明